汉译世界学术名著丛书

科学与方法

〔法〕昂利·彭加勒 著

李醒民 译

商务印书馆
创于1897 The Commercial Press

H. Poincaré
THE FOUNDATIONS OF SCIENCE

根据纽约科学出版社 1913 年英译本译出

汉译世界学术名著丛书
出版说明

我馆历来重视移译世界各国学术名著。从20世纪50年代起，更致力于翻译出版马克思主义诞生以前的古典学术著作，同时适当介绍当代具有定评的各派代表作品。我们确信只有用人类创造的全部知识财富来丰富自己的头脑，才能够建成现代化的社会主义社会。这些书籍所蕴藏的思想财富和学术价值，为学人所熟知，毋需赘述。这些译本过去以单行本印行，难见系统，汇编为丛书，才能相得益彰，蔚为大观，既便于研读查考，又利于文化积累。为此，我们从1981年着手分辑刊行，至2010年已先后分十一辑印行名著460种。现继续编印第十二辑。到2011年底出版至500种。今后在积累单本著作的基础上仍将陆续以名著版印行。希望海内外读书界、著译界给我们批评、建议，帮助我们把这套丛书出得更好。

商务印书馆编辑部

2010年6月

《科学与方法》中译者序

李醒民

本书作者彭加勒(Henri Poincaré,1854～1912)是法国伟大的哲人科学家[1]。首先,他是19世纪和20世纪之交雄观全局的学界领袖,是最后一位数学全才大师。他在数学的四个主要部门——算术、代数、几何、分析——的贡献都是开创性的,例如在函数论、组合拓扑学、代数学、微分方程和积分方程理论、代数几何学、发散级数理论、数论、概率论、位势论、数学基础等课题上的发明,都成为后继者继续发掘和拓展的"富矿",其中不少至今仍具有诱人的魅力。

彭加勒也是一位杰出的天文学家。他在旋转流体的平衡形状、太阳系的稳定性即三体问题、太阳系的起源等研究中,都做出了超越时代的成就。他的专题巨著《天体力学的新方法》、《天体力学教程》、《流体质量平衡的计算》和《论宇宙假设》以新颖的数学武器进攻天文学,开辟了天文学研究的新纪元,设计出展望外部星空的新窗户,时至今日仍充满了理智的力量。

彭加勒还是理论物理学所有分支的大家。他在该领域发表的论文和专著达70种以上,广泛地涉及毛细管引力、弹性学、流体力学、热传播理论、势论、光学、电学、磁学、电子动力学、量子论等。

尤其是，他是首屈一指的相对论的先驱：他先于爱因斯坦提出了相对性原理和光速不变原理，讨论了用交换光信号操作的时间测量，提出了精确的洛伦兹交换（洛伦兹群），勾勒了新力学的框架；他先于闵可夫斯基引入四维矢量和四维时空，使用了虚时间坐标；他在1905～1906年研究了牛顿引力定律，甚至使用了“引力波”一词。近些年人们注意到，彭加勒也是混沌学的嚆矢！

彭加勒并不是“渺小的哲学家”，相反地，他是一位伟大的哲学家和思想家，是现代科学哲学的滥觞。

作为一位哲人科学家而非纯粹哲学家，彭加勒并没有刻意构造庞大的哲学体系，也没有为写哲学著作而写哲学著作，他的科学哲学著作都是由他的科学著作的序言和结论，或是会议讲演和学术报告组成的；一句话，是他科学工作的“副产品”。但是，由于他身处时代的科学前沿，又具有深厚的人文情怀，因此他的思想代表了现代科学的哲学意向，浓缩了当时的时代精神。

约定论是彭加勒的哲学创造。它内涵丰富、寓意隽永，囊括了现代科学哲学的一些热门论题。约定论的八大内涵或主题可以概括为：C_1 断言在科学理论中存在约定的成分，这尤其体现在基本原理和基本概念中；C_2 指出约定对于非约定的（准经验的）陈述所起的作用；C_3 把认识论地位的改变，从而把约定的改变归因于科学共同体的决定；C_4 宣布所谓的判决性实验不可能，这个主题现在往往被称为迪昂－奎因论题；C_5 揭示出理论的经验内容在约定变化的条件下是不变量，它保证了科学的客观性、合理性以及科学进步的连续性；C_6 是哈密顿－赫兹－彭加勒理论观或彭加勒的理论多元观，于是与约定有关的理智价值评价介入的理论选择的过程之中；C_7 隐含着本体论的约定性和真关系的实在性；C_8 断言物理几何学本身的约定性。[2] 约定论具有重要的认识论和方法论意义，并融入现代科学哲学的各个流派的发展中。[3]

彭加勒的约定论和马赫的经验论直接成为逻辑经验论兴起的基础，因此彭加勒理所当然地被认为是逻辑经验论的始祖之一。弗兰克在谈到这一点时明确指出，彭加勒强调了数学和逻辑在科学中的地位和作用，他借助约定论在事实的描述和科学的普遍原理之间的鸿沟上成功地架起了桥梁——逻辑经验论者正是通过这座桥梁前行的。他说："科学哲学中的任何进展都在于提出理论，而马赫和彭加勒的观点在这个理论中是一个更普遍的观点的两个方面。为了用一句话概括这个理论，人们可以说：按照马赫的观点，科学中的普遍原理是观察到的事实的简要的经济的描述；按照彭加勒的观点，它们是人类精神的自由创造，没有告诉我们观察事实的任何东西。尝试把这两种概念结合成一个融贯的体系，是后来被称之为逻辑经验论的起源。"[4]

除了约定论以外，在彭加勒的哲学思想中还包含着关系实在论、科学理性论、温和经验论的成分，并不时闪现出理想主义和反功利主义、反信仰主义的色彩。他的自然观（自然界的统一性和简单性，偶然性和决定论，规律的演化，空时学说等）耐人寻味，他的科学观（科学的定义、目的和规范，科学发展的危机－革命图像，科学进步的方向，科学理论的结构和本性，科学的社会功能，为科学而科学，科学家的信仰、秉信和美德等）旨永意新。尤其引人注目的是，彭加勒在论述科学认识论和科学方法论的一些内容时，诸如假设、直觉、科学美、数学发明的心理学，科学中的语言翻译，其内蕴厚重,意味深长,文思如泉,妙语连珠,令人感到美不胜收。难怪爱因斯坦称彭加勒是"敏锐的、深刻的思想家"[5]。彭加勒之所以能达到如此之高的思想境界,无疑与他的作为哲人科学家[6]的优越条件有关:他是一位学识渊博的科学家,他在论证自己的哲学观点时,不仅大量地引证了他所精通的数学、物理学、天文学方面的材料,而且也旁及化学、生物学、地质学、地理学、生理学、心理学、气象学等领域,他所掌握的材料之丰富绝非纯粹哲学家所能企及;同时,他又是一位有哲学头脑的科学家,他关注、探索、研究的问题往往超出纯粹科学家的视野。因此,在他的哲学论述中,不时迸发出令人深省的思想火花,从而当之无愧地成为人类思想宝库中的瑰丽珍宝。

在这里,我想补充说明和强调两点。其一,随着近年混沌和复杂性学科的研究方兴未艾,人们逐渐认识到,彭加勒不仅是现代科学的先驱,也是"后"现代科学的滥觞。其二,随着后现代科学哲学的勃兴和流播,人们蓦然发觉,彭加勒不但是"前"现代科学哲学的创造者和集大成者,其思想也是"后"现代科学哲学的引线和酵素。可以说,彭加勒是本来就不多的哲人科学家的典型代表。

我是从 1980 年代初开始,对批判学派[7]的代表人物之一彭加勒进行研究的,最先撰写了硕士论文"彭加勒与物理学危机"[8]。其后,在此基础上进行了拓展和深化,陆续发表了"评彭加勒关于物理学危机的观点"[9]、"评彭加勒科学方法论的特色"[10]、"彭加勒对物理学革命的直接贡献"[11]、"昂利·彭加勒——杰出的科学开拓者与敏锐的思想家"[12]、"评彭加勒的科学观"[13]、"彭加勒哲学思想评述"[14]、"关于物理学危机问题的再沉思——对《唯物主义和经验批判主义》某些观点的再认识”[15]、“关于彭加勒的时空观及其哲学思想”[16]、“彭加勒的数学哲学思想”[17]、“论彭加勒的经验约定论”[18]、“马赫、彭加勒哲学思想异同论”[19]、“论彭加勒和爱因斯坦的经验约定论”[20]等。

在上述有关研究片断的基础上，我又发掘出一些文献，对彭加勒进行了较为综合、较为系统的研究，应约于1986年11月1日完成了一部专著《彭加勒思想研究》。由于1980年代学术著作的出版并不像现在这么容易，加之时势变幻无常，书稿刚一完成就被上海一家出版社搁浅(因丛书出版计划撤销)，两三年后又随北京的《二十世纪学者文库》一起胎死腹中。直到七年后，才在俞晓群编审的鼎力相助下问世[21]。后来在1993年春完成的著作《彭加勒》[22]，收入傅伟勋、韦政通教授主编的《世界哲学家丛书》，其出版则顺利得多。该书书舌的“内容简介”，这样评论其学术价值：

“19世纪末20世纪初，是经典科学向现代科学转变的时代，彭加勒就是活跃于这个时期的伟大的哲人科学家。本书作者运用翔实的材料，力图勾勒出彭加勒作为一个科学家和思想家的比较完整的形象，提出了一系列不同于传统观点的看法，纠正了广为流行的曲解和谬说。作者通过认真、严肃的思考，试图发掘出彭加勒这位‘理性科学的活跃智囊’的思想精髓，并把它们置于人类思想遗产的宝库，作为人类文化发展的有机组成部分。尤其是，作者首次把彭加勒的主导哲学思想概括为‘经验约定论’和‘综合实在论’，剖析了其丰富内涵，肯定了他在科学史和哲学史中的地位和作用。此外，还把彭加勒与马赫、爱因斯坦做了比较研究，得出了一些富有启发性的结论。”

在《彭加勒》一书在台北出版之后，我对彭加勒再未专门做进一步的研究。此后的零散研究主要是围绕对批判学派和哲人科学家的研究进行的，接连发表了数篇论文[23]。其中有两篇视角比较独特，涉及彭加勒思想的后现代意向[24]、对中国现代科学思潮的影响[25]。对彭加勒、批判学派、哲人科学家这些关键词有兴趣的读者，可以浏览或参阅一下上述文献，以加深对有关论题的理解，同时也许能察觉我的一些创见和不足。

《科学与方法》(1908)是彭加勒的四本科学哲学经典名著之一，其他三本是《科学与假设》(1902)、《科学的价值》(1905)和《最后的沉思》(1913)。商务印书馆将陆续出版和再版由我翻译的这四本书。下面，我拟从译者的角度，对《科学与方法》做点概要性的提示，以方便读者阅读。

《科学与方法》除"引言"和"总结论"外，共有四编十四章。"引言"概述了全书的基旨和内容，使读者一开始就对作者的意图和总体架构一目了然。第一编围绕与"科学和科学家"有关的问题展开论述。本编除全书最精彩的两章(下面将述及)外，第二章"数学的未来"通过数学的历史和现状的考察，对数学各分支的未来做了某些预见；该章对数学和物理学的关系、反功利主义、事实及其选择、思维经济、数学美、严格性、语言革新的意义等问题的论述也令人瞩目。第四章"偶然性"讨论了偶然性的定义、关于偶然性的三种方式或三种观点、概率计算等论题，彭加勒作为混沌学先驱的形象在对偶然性之一的分析中栩栩如生地展现出来。

第二编"数学推理"共有五章。第一章"空间的相对性"在批判了空虚空间和绝对空间的基础上，着力探讨了空间相对性的几种涵义、空间有三维的原因；彭加勒的空间概念基本上是直觉主义的，他认为人的空间直觉既不是先验的，也不是经验的，而在较大程度上是种族的遗传积淀——这是20世纪70年代兴旺的进化认识论的萌芽！第二章“数学定义和教学”实际上讨论了数学中的抽象定义和形象定义，逻辑和直觉在数学及其教学中的职分，并就算术、几何学和力学中的定义和教学问题具体加以分析和讨论。第三章“数学和逻辑”集中讨论了康托尔、库蒂拉特、希尔伯特、皮亚诺、布拉利－福尔蒂等著名数学家的数学思想和逻辑斯蒂；作为一位数学直觉主义的代表人物，彭加勒对逻辑主义颇多微词，例如他揶揄库蒂拉特对1的定义是“滥用语言资源”，讥讽布拉利－福尔蒂关于1的“定义十分适合于把数1的观念给予从来也没有听说过它的人”。第四章“新逻辑”接着剖析并部分肯定了罗素的命题逻辑、库蒂拉特的序数理论、希尔伯特的逻辑和有理几何学，揭示了全归纳原理的涵义和功能。第五章“逻辑学家的最新成果”，依次讨论了逻辑斯蒂的确实可靠、矛盾的特许权、对整数定义的两个反对理由、康托尔二律背反、罗素命名的三种理论、归纳原理的证明、策默罗假定等。彭加勒批评说，逻辑斯蒂并未像其自诩的那样给发明提供“高跷和翅膀”，它给我们的只不过是“幼儿学步用的牵引带”。

第三编“新力学”共有三章。其中第一章“力学和镭”就物理学当时的几个前沿领域或问题加以评论，阐明了作者本人的洞察和见解。第二章“力学和光学”讨论了光行差、相对性原理、反作用原理、惯性原理、加速度波等饶有兴味的问题。第三章“新力学和天文学”则涉及万有引力、水星近日点的进动、勒萨热理论；在彭加勒看来，新力学还只是“奢侈品”。

第四编“天文科学”仅有两章。第一章“银河与气体理论”把恒星的集合与气体分子的集合加以类比，认为气体运动论也在某种程度上为天文学家提供了模型；在这里，彭加勒还提出了宇宙中存在暗物质的问题。第二章“法国的大地测量学”是一篇妙趣横生的学科简史；人们不难从中领悟到，科学探索不仅需要敏锐的头脑和非凡的智力，而且也需要坚忍不拔的意志、百折不回的决心、吃苦耐劳的品格和无所畏惧的献身精神。最后的“总结论”对全书内容作了提纲挈领式的小结，行文简洁而哲理深湛，不愧为画龙点睛之笔。

窃以为，本书最精彩的两章莫过于第一编中的第一章和第三章。“事实的选择”一章写于 1907 年，曾作为《科学的价值》美国版第一版的序言；该章完整地包容了彭加勒关于事实及其选择的指导原则的洞见，而关于科学美的论述更是美不胜收；该章笔势如骏马下坡、不可遏止，文辞如行云流水、姿态横生，值得读者含英咀华。“数学创造”一章原题为“数学发明”，它是彭加勒 1908 年 5 月 23 日在巴黎普通心理学研究所发表的讲演；彭加勒通过自己发明富克斯函数的亲身体验，对数学发明的心理机制探幽索隐，揭示了阈下的自我和有意识的自我的微妙功能；该章被学术界视为经典的创造心理学文献，也显示出彭加勒的准心理学家的形象。

值得注意的是，彭加勒把该书命名为《科学与方法》，足见他对科学方法的高度重视。尽管《科学与方法》一书并未像坊间流行的某些科学方法论教科书那样构造洋洋大观的“体系”，其中的各章也只是或多或少与科学方法论问题有关，但它无疑要比前者有价值得多，因为它是富有创造力的科学大家在科学创造过程中亲手创造出来的名副其实的科学方法。

不知是出于偏爱，还是囿于固执，有些学人往往把自己所研究的人物恣意拔高，言必称“伟大”。更有极个别者“百尺竿头，更进一步”，非要在“伟大”中抢夺头筹不可，一有机会便咬住不放，跟他人较劲，仿佛这样一来自己也会随伟大人物一起“伟大”起来，坐上第一把交椅似的。这实在叫人觉得既可笑又可悲。吾生不辰，也许未能免俗（不知前面关于彭加勒的论述是否如此），但自视毕竟还系统地研究过六七位哲人科学家，主编过《哲人科学家丛书》，恐不至于坐井观天，唯我独尊，从而贻笑于方家。此语是否言之凿凿，有白纸黑字在，想必读者自有公论，作者不敢、也不必妄自置喙。

〔1〕 关于彭加勒的生平和科学贡献，读者可参阅李醒民：昂利·彭加勒——杰出的科学开拓者和敏锐的思想家，北京：《自然辩证法通讯》，第6卷(1984)，第3期，第57～69页。李醒民：彭加勒——理性科学的“智多星”，《科学巨星》丛书5，西安：陕西人民教育出版社，1995年11月第1版，第1～43页。

〔2〕 李醒民：《彭加勒》，台北：三民书局，1994年第1版，第97～142页。也可参见前注之二，第28～36页。

〔3〕 李醒民：论彭加勒的经验约定论，北京：《中国社会科学》，1988年第2期(总第50期)，第99～111页。

〔4〕 P. Frank, *Modern Science and Its Philosophy*, Harvard University Press, 1950, pp. 8, 11～12.

〔5〕 《爱因斯坦文集》第1卷，许良英等编译，北京：商务印书馆，1976年第1版，第139页。

〔6〕 李醒民：论作为科学家的哲学家(哲人科学家)，长沙：《求索》，1990

年第5期(总第57期),第51～57页。李醒民:关于物理学危机问题的沉思——对《唯物主义和经验批判主义》某些观点的再认识,《江汉论坛》(武汉),1985年第7期(总第59期),第12～19页。

〔7〕 李醒民:世纪之交物理学革命中的两个学派,北京:《自然辩证法通讯》,第3卷(1981),第6期,第30～38页。李醒民:论批判学派,长春:《社会科学战线》,1991年第1期(总第53期),第99～107页。

〔8〕 这篇硕士论文在近20年后才得以全文发表。李醒民:彭加勒与物理学危机,《中国人文社会科学博士硕士文库·哲学卷(中)》,杭州:浙江教育出版社,1998年12月第1版,第1247～1285页。也可参见李醒民:《中国现代科学思潮》,北京:科学出版社,2004年3月第1版,第89～124页。

〔9〕 参见北京:《自然辩证法通讯》,第5卷(1983),第3期,第31～38页。

〔10〕 参见北京:《哲学研究》,1984年第5期,第37～44页。

〔11〕 参见长沙:《自然信息》,1984年第2期,第79～83页。

〔12〕 参见北京:《自然辩证法通讯》,第6卷(1984),第3期,第57～69页。

〔13〕 参见北京:《科学学研究》,第2卷(1984),第2期,第19～29页。

〔14〕 参见北京:《自然辩证法研究》,第1卷(1985),第3期,第41～47页。

〔15〕 参见武汉:《江汉论坛》,1985年第7期,第12～19页。

〔16〕 参见北京:《光明日报》,1986年3月3日"哲学版"。

〔17〕 参见成都:《大自然探索》,第6卷(1987),第1期,第143～151页。

〔18〕 参见北京:《中国社会科学》,1988年第2期,第99～111页。

〔19〕 参见成都:《走向未来》第3卷(1988),第3期,第92～97页。

〔20〕 参见香港中文大学哲学系编辑委员会主编:《分析哲学与科学哲学论文集》,香港中文大学新亚书院出版,1989年第1版。

〔21〕 李醒民:《理性的沉思——论彭加勒的科学思想与哲学思想》,沈阳:辽宁教育出版社,1992年10月第1版。

〔22〕 李醒民:《彭加勒》,台北:三民书局东大图书公司,1993年1月第

1 版。

〔23〕 李醒民:论哲人科学家哲学思想的多元张力特征,合肥:《学术界》,2002 年 1 期,第 171～184 页。李醒民:批判学派:进化认识论的先驱,北京:《哲学研究》,2002 年第 5 期,第 52～57 页。李醒民:哲人科学家现象和素质教育,北京:《清华大学学报》(哲学社会科学版),第 17 卷(2002),第 5 期,第 75～80 页。李醒民:关于"批判学派"的由来和研究,北京:《自然辩证法通讯》,第 5 卷(2003),第 1 期,第 100～106 页。

〔24〕 李醒民:批判学派科学哲学的后现代意向,北京:《北京行政学院学报》,2005 年第 2 期,第 79～84 页。

〔25〕 李醒民:任鸿隽与批判学派的思想关联,北京:《哲学研究》,2003 年第 7 期,第 79～86 页。

目　　录

第四编 天文科学

引　言

我在这里所汇集的不同研究，都或多或少地直接地与科学方法论问题有关。科学方法不外乎观察和实验；如果科学家有无限的时间供他支配，那只需要对他说："看吧，请充分注意"；但是，因为没有时间看每一事物，尤其是因为没有时间充分看每一事物，而且因为不看比看错了还要好些，所以他必须做选择。因此，第一个问题是，他应该如何做这个选择。这个问题不仅摆在物理学家的面前，而且也摆在历史学家的面前；它同样也摆在数学家的面前，能够指导他们的原则是类似的。科学家本能地遵循它们，人们通过深思这些原则，就能够预言数学物理学的未来。

如果我们观察一下正在做工作的科学家，首先必须了解发明的心理机制，尤其是必须了解数学创造的心理机制，那么我们就能更明确地理解这些原则。观察数学家工作的过程，对心理学家特别有启发。

在所有观察的科学中，由于我们的感官和仪器不完善，因此叙述必然会出现误差。所幸的是，我们可以假定，在某些条件下，这些误差部分地自我补偿，以致在平均值中消失了；这种补偿是由于偶然性。但是，什么是偶然性呢？这种观念很难被证明是合理的，甚或很难定义它；不过，我刚才就观察误差所说的话表明，科学家不能忽略它。因此,有必要给这个如此不可缺少、而又如此难以捉摸的概念下一个尽可能精确的定义。

总而言之,这是一些适用于整个科学的通则;例如,数学发明的机制与一般发明的机制并没有明显的差异。后面,我将要着手讨论与某些专门科学特别有关的问题,首先讨论与纯粹数学有关的问题。

在研究这些问题的各章中,我要处理一些略微有点抽象的题目。我首先必须谈谈空间概念;每一个人都知道,空间是相对的,或确切地讲,每一个都这样说,但是许多人还以为,仿佛他们相信空间是绝对的;只要稍微思考一下不管用什么方法察觉到他们面临什么矛盾,这就足够了。

所讲授的问题有其重要性,首先在于这些问题的本身,其次是因为,思考使新观念渗透到未开发的心智中的最好方式,同时就是思考这些概念是如何被我们的祖先获得的,从而也就是思考它们的真实起源,也可以说,实际上是思考它们的真实本性。为什么儿童通常一点也不理解科学家满意的定义呢?为什么必须给他们其他东西呢?这是我在接着的一章向自己提出的问题,我认为,它们的答案会启发从事科学的逻辑的哲学家做有益的思考。

另一方面,许多几何学家认为,我们能够把数学还原为形式逻辑的法则。人们为此做出了空前的努力;为了完成它,例如有些人毫不犹豫地把我们的概念发生的历史顺序颠倒过来,企图用无限说明有限。对于所有公正地探讨这个问题的人来说,我相信我已经成功地证明这是虚妄的幻想。我希望读者将理解这个问题的重要性,原谅我为它所费的篇幅的枯燥无味吧。

最后关于力学和天文学的数章比较容易读。

力学似乎就要经历一场彻底的革命。原来似乎牢固建立起来的观念受到大胆的革新者的攻击。的确，要马上决定赞成他们恐怕为时尚早，只因为他们是革新者。

但是，使他们的学说为人所知还是有趣的，这正是我试图要做的事情。我尽可能地按照历史顺序；因为新观念似乎太令人惊讶了，除非我看到了它们是如何产生的。

天文学向我们展示了宏伟的景象，提出了庞大的问题。我们不能梦想直接把实验方法用于它们；我们的实验室太小了。但是，通过与这些实验室容许我们得到的现象进行类比，仍然可以指导天文学家。例如，银河是为数众多的恒星的集合，这些恒星的运动乍看起来似乎是变幻莫测的。但是，由于气体运动论使我们了解到气体分子的特性，我们难道不可以把恒星的集合与气体分子的集合加以比较吗？这样一来，正是通过迂回曲折的道路，物理学家的方法最终可以帮助天文学家。

最后，我尽力简短地叙述了法国大地测量学的发展史；我表明，通过什么样的持续不懈的努力以及经常蒙受什么样的危险，大地测量学家为我们设法取得了我们具有的关于地球外形的知识。然而，这是一个方法问题吗？是的，毫无疑问，这个历史事实上教导我们，为了完成严肃的科学操作，必须多么谨慎，为了获得一位新的小数，要花费多少时间和精力啊。

第　一　编

科学和科学家

第一章　事实的选择

托尔斯泰(Tolstoi)在某处说明,“为科学而科学”在他看来为什么是荒谬绝伦的概念。由于事实的数目实际上是无限的,我们不能了解**所有**事实。选择是必要的。于是,我们可以让这种选择取决于我们好奇心的纯粹任性;让我们自己受功利的指导,即受我们实际的需要,尤其是道德的需要的指导岂不更好;与数我们行星上的瓢虫数目相比,我们难道没有更好的事去做?

很清楚,对托尔斯泰来说,功利一词并不具有事务人给予它的意义,而我们当代人中的大多数却信奉他们。对于工业应用,对于电或汽车的奇迹,他不仅不关心,而且甚至视其为道德进步的障碍;在他看来,功利只不过是能够使人变得更完善的东西而已。

依我之见,无论对这一理想还是那一理想,不用说都不会使我满意;我既不需要贪婪而自私的富豪统治,也不需要伪善而平庸的民主,这种民主只不过是忙于改头换面而已。假如在那里居住着智者,这些智者毫无好奇心,避免一切过度行为,那么他们不会死于疾病,而确实将死于无聊。但是,这是各人的好恶,不是我希望讨论的问题。

问题依然没有解决,还会引起我们的注意。如果我们的选择仅仅取决于任性或直接的功利,那么就不会有“为科学而科学”,其结果甚至无科学可言。但是,那是真的吗?无可否认,有必要作选择;不管我们的能动性如何,事实跑得比我们快,我们不能够捉住它们;当科学家发现一种事实时,在他身体一立方毫米内已经发生了数以亿亿计的事实。希望把自然包容于科学之内,不啻企图把整体放入局部之中。

但是,科学家相信,事实有等级可寻,在它们之中可做出明智的选择。他们是对的,因为要不然便不会有科学,而科学却存在着。人们只要睁眼看看,工业成就虽然为许多实际家促进,但是假若只有这些实际家,而没有下述一些人在前面做出的无私贡献,那么工业成就将会暗淡无光:这些人贫困潦倒,从未想到功利,而且具有与任性决然不同的指导原则。

正如马赫(Mach)所说,这些贡献使他们的后继者省却了思考的烦扰。仅仅着眼于直接应用的那些人,他们不会给后世留下任何东西,当面临新的需要时,一切都必须重新开始。现在,大多数人都不爱思考,当本能指导他们时这也许是侥幸的,最通常的情况是,当他们追求即时的、永远相同的目的时,本能指导他们比理性指导纯粹的智力更为得宜。但是,本能是惯例,如果思想不使之丰富,人类便不会比蜂蚁有更多的进步。于是,对于那些不爱思考的人来说,有必要去思考,并且因为这些人为数众多,所以必须使我们每一种思想尽可能经常有用,这就是为什么定律愈普遍,它也将愈珍贵。

这向我们表明,我们应当如何选择:最有趣的事实就是可以多次运用的事实;这些是具有一再复现的机会的事实。我们幸好出生在存在这样的事实的世界中。假定不是60种元素,而是600亿种，它们没有多少共同之处，另一些是稀有的，但却均匀地分布着。那么，每当我们捡起一块新卵石时，它都十分可能由某种未知的物质构成；我们所知道的其他卵石的情况对它毫无用处；在每一个新对象面前，我们会像新生儿一样；照此办理，我们只能服从我们的任性或我们的需要。如果只有个体而无种族，如果遗传不能使子孙与他们的祖先相似，那么生物学家同样会茫然无措。

在这样一个世界中便不会有科学；也许连思想、甚至连生活也不可能，因为进化在这里不能发展保存的本能。幸亏情况并非如此；像我们习惯于所有的好运一样，这是不能鉴别出它的真正的价值的。

于是，哪些事实是很可能复现的事实呢？它们首先是简单的事实。很清楚，在复杂的事实中，一千个条件通过机遇结合在一起，更何况只有一个可能的机遇能把它们重新结合起来。但是，有简单的事实吗？如果有，如何认识它们呢？我们有什么把握确信，我们设想是简单事物没有隐藏惊人的复杂性呢？我们所能说的一切就是，我们应该偏爱**似乎是**简单的事实，而不选择那些我们肉眼辨认出不相似要素的事实。于是，只能是二者择一：或者这种简单性是真实的，或者要素密切地混合起来，以至于无法区分。在第一种情况下，存在我们重新遇到这个同一简单事实的机遇，无论它在整体上是纯粹的，还是它本身作为要素进入复杂的复合体中。在第二种情况下，这种密切的混合同样比异质的集合复现的机遇更多；机遇知道如何混合，而不知道如何分解，不知道如何用许多要素建造秩序井然的大厦，在这个大厦内，某些事物可以区分，但必须特意做成。因此，看来仿佛是简单的事实——即使它们并非如此——将更容易被机遇恢复。正是这一点可以为科学家本能地采取的方法辩护，进一步为它辩护的也许是，经常复现的事实对我们来说似乎是简单的，恰恰因为我们经常用到它们。

但是，简单的事实在哪里呢？科学家在两种极端情形下寻求它，其一是无穷大，其二是无穷小。天文学家找到了它，因为星球之间的距离极其遥远，远到它们中的每一个都看来好像是一个点，远到质的差别可以忽略不计，由于一个点比一个具有形状和质地的物体简单。另一方面，物理学家找到了基元现象，他们想像把物体分割为无限小的立方体，因为问题的条件在从物体的一点到另一点时经受了缓慢而连续的变化，在这些小立方体的每一个间隔内，条件可以认为是恒定的。用同样的方式，生物学家本能地被诱使认为细胞比整个动物更为有趣，结果证明他是明智的，由于对于能够认出细胞相似性的人来说，属于各种各样的有机体的细胞比有机体本身更相像。而社会学家却大为困惑；对他来说，要素是人，这太不相似了，太变幻莫测了，太反复无常了，一言以蔽之，太复杂了；此外，历史从来也不会重演。那么，如何选择有趣的、可以重演的事实呢？方法恰恰在于事实的选择；于是，首先需要着手创造方法，并且已想像出许多，由于没有一个方法会硬充方法，于是社会学是方法最多而结果最少的科学。

因此，以规则的事实开始是合适的；但是，当规则牢固建立之后，当它变得毫无疑问之后，与它完全一致的事实不久以后就没有意义了，由于它们不能再告诉我们任何新东西。于是，正是例外变得重要起来。我们不去寻求相似；我们尤其要全力找出差别，在差别中我们首先应选择最受强调的东西，这不仅因为它们最为引人注目，而且因为它们最富有启发性。一个简单的例子将使我的思想更加清楚：设一个人想通过观察曲线的若干点来确定曲线。只使自己关心眼前功利的实际家，将仅仅观察那些他为某些特殊目标而需要的点。这些点不适当地分布在曲线上；它们在某些区域上密集，在另一些区域上稀疏，以致不可能用一条连续的线将它们连结起来，而且对于其他应用而言，它们是无用的。科学家将以不同的方式着手进行；当他希望为曲线本身而研究曲线时，他将使所观察的点规则地分布；当足够的点已知时，他将用一条规则的线连结它们，他就会得到完整的曲线。可是，为此他如何进行呢？如果他决定了曲线的端点，他没有停在这一端附近，而首先返回另一端；在这两个端点确定后，最有指导意义的点将处于中点，依此类推下去。

法则一经确立，我们首先就要寻找这个法则具有最大失效机遇的情况。在其他理由当中，对天文事实的兴趣和对地质经历的兴趣由此而来；当达到十分遥远的空间或十分久长的时间时，我们可能发现，我们有用的法则完全被推翻了，这些重大的失效有助于我们更好地观察、更好地理解可能发生在距我们较近之处，即发生在我们被召集生活和行动的世界的小角落中的微小变化。由于我们到与我们毫无关系的遥远国家去旅行，我们将更清楚地了解这个角落。

但是，我们应该达到的目的主要不在于弄清相似和差异，而是要认出隐藏在表观偏离下的类似性。特殊的法则乍看起来似乎是不一致的，然而通过较为仔细的观察，我们看到它们大体上相互类似；就实质而言，它们是不同的，但是就形式而言，就它们各部分的秩序而言，它们是相似的。当我们以这种倾向性观察它们时，我们将看到它们扩大并且有助于包容每一事物。这便造成了某些归结为完备的集合物的事实的价值，并且表明它是其他已知集合物的正确图像。

我将不再进一步坚持，但是这几句话已足以表明，科学家并非随意选择他所观察的事实。诚如托尔斯泰所言，科学家并没有去数瓢虫的数目，因为瓢虫无论可能多么有趣，其数目也是任意可变的问题。科学家力图把许多经验和许多思想浓缩在一个小容积内；这就是为什么一本物理学的小册子包含着如此之多的以往的经验，以及他预先已知其结果的多达千倍的可能的经验。

然而，我们迄今还只是看到问题的一个方面。科学家研究自然，并非因为它有用处；他研究它，是因为他喜欢它，他之所以喜欢它，是因为它是美的。如果自然不美，它就不值得了解；如果自然不值得了解，生命也就不值得活着。当然，我在这里所说的美，不是打动感官的美，也不是质地美和外观美；并非我小看这样的美，完全不是，而是它与科学无关；我意指那种比较深奥的美，这种美来自各部分的和谐秩序，并且纯粹的理智能够把握它。正是这种美给予物体，也可以说给予结构以让我们感官满意的彩虹般的外观，而没有这种支持，这些倏忽即逝的梦幻之美只能是不完美的，因为它是模糊的，总是短暂的。相反地，理智美可以充分达到其自身，科学家之所以投身于长期而艰巨的劳动，也许为理智美甚于为人类未来的福利。

因此，正是对这种特殊美，即对宇宙和谐的意义的追求，才使我们选择那些最适合于为这种和谐起一份作用的事实，正如艺术家从他的模特儿的特征中选择那些能使图画完美并赋予它以个性和生气的事实。我们无须担心，这种本能的和未公开承认的偏见将使科学家偏离对真理的追求。人们可以梦想一个和谐的世界，但是真实的世界把它丢弃得何其之远！永远活在人们心目中的最伟大的艺术家希腊人创造了他们的天空；它与我们的真实的天空相比，是多么蹩脚啊！

正因为简单是美的，正因为宏伟是美的，所以我们宁可寻求简单的事实、崇高的事实；我们时而乐于追寻星球的雄伟路线；我们时而乐于用显微镜观察极其微小的东西，这也是一种宏伟；我们乐于在地质时代寻找过去的遗迹，它之所以吸引人，是因它年代久远。

我们还看到，像对于有用的渴望一样，对于美的渴望也导致我们作相同的选择。因此，按照马赫的看法，这种思维之经济、劳力之经济是科学的永恒趋势，同时也是美的源泉和实际利益的源泉。我们所赞美的大厦是建筑师知道如何使手段与目的相称的大厦，在这样的大厦中，支柱似乎轻松地承载着加于其上的重量而毫无吃力之感，像厄瑞克忒翁庙①的雅致的女像柱一样。

这种协调从何而来呢？在我们看来好像美的事物是其本身最适合于我们理智的事物，因此它们同时是这种理智最了解如何使用的工具，事情只不过是如此吗？或者，在这里存在着进化和自然

① 厄瑞克忒翁庙(Erechtheum)是公元前421—前405年建于希腊雅典卫城上的爱奥尼亚式雅典娜神殿，由于其形体复杂和细部精致完美而著名。神庙的爱奥尼亚式柱头在希腊建筑中是最精美的，而与众不同的女像柱廊在古典建筑中是罕见的。——中译者注

选择的游戏吗？最能使他们的理想与他们的最高利益一致的民族消灭了其他民族并取而代之了吗？所有人都追求他们的理想，没有考虑后果，而这种探求却导致一些人毁灭，另一些人称帝。人们被诱使相信它。假如希腊人征服了野蛮人，假如希腊思想的继承者欧洲人统治了世界，那是因为未开化的人爱好刺眼的颜色和聒耳的鼓声，这只能充塞他们的感官，而希腊人则爱好潜藏在感性美之下的理智美，正是这种理智美使理智变得可靠、有力。

毫无疑问，这样的凯旋会使托尔斯泰惊恐，他不乐意承认它确实是有用的。但是，这种无私利的为真理本身的美而追求真理也是合情合理的，并且能使人变得更完善。我清楚地知道，这里存在着错误，思想者并非总是由此引出他能够在其中发现的宁静，甚至在这里也有品质恶劣的科学家。因此，我们难道必须抛弃科学而仅仅研究道德吗？什么！当道德家从他们的受人尊敬的地位跌落下去的时候，你认为他们本身是无可指责的吗？

第二章　数学的未来

为了预见数学的未来，正确的方法是研究它的历史和现状。

在某种意义上，这不正是我们数学家的专业程序吗？我们习惯于**外插法**，这是一种从过去和现在推导未来的方法，因为我们充分地了解这相当于什么，所以关于它给予我们的结果的有效范围，我们不会冒使我们自己受骗的危险。

迄今我们已经有了不幸的预言家。他们轻率地重申，所有能够解答的问题都已经被解决了，除了拾遗之外，没有留下什么事情。幸好，过去的情况使我们消除了疑虑。人们往往以为，所有问题都被解决了，或者至少已列出了一切容许的解的清单。可是，解这个词的意义扩大了，不可解的问题变得最使大家感兴趣，未曾料到的其他问题呈现出来。对于希腊人来说，好解就是只使用直尺和圆规的解；后来，它变成用求根法得到的解，接着它又变成只利用代数函数和对数函数的解。这样一来，悲观主义者发现他们自己总是被挫败，总是被迫退却，因此我现在认为不再有悲观主义者了。

所以，我的意图并不是反对他们，因为他们已经消亡了；我充分了解，数学将继续发展，但是问题在于它如何发展，在什么方向发展？你将回答："在各个方向发展"，这部分为真；如果它完全为真,那可有点骇人听闻了。我们的丰富资料不久便会成为拖累,资料的积累也会造成一堆费解的大杂烩,犹如无知的人面对未知的真理那样莫名其妙。

历史学家、物理学家甚至都必须在事实中做出选择;科学家的头脑只能顾及宇宙之一隅,永远也不能囊括整个宇宙;以致在自然界提供的不可胜数的事实中,一些将被忽略,另一些则被保留下来。

不用说,在数学中正是这样;几何学家已不再能迅速地把握所有呈现在他面前的杂乱的事实;更有甚者,因为正是他——我几乎要说他的任性——创造这些事实。他把它的要素收集在一起构造全新的组合;一般说来,自然并没有把预先准备好的组合给予他。

毫无疑义,有时会发生这种情况:数学家着手解决问题是为了满足物理学的需要;物理学家或工程师请求他计算某些应用方面的数值。难道能够说,我们几何学家应当仅限于听候命令,而不为我们自己的欢娱来培育科学,只是力图使我们自己迁就我们恩主的需求吗?假如数学除了帮助那些研究自然的人之外没有其他目标,那我们就只好听候命令了。这种看问题的方式合理吗?这绝不合理;如果我们不为科学而培育精密科学,那我们就既不可能创造出数学工具,待到物理学家提出请求的那一天,我们就会无能为力。

物理学家研究一种现象,也不是要等到物质生活的某种急迫需要使它成为他们必不可少的东西;他们是对的。假使 18 世纪的科学家因为电在他们的眼中只是好奇的玩意儿而没有实际利益,因此忽略电的研究,那么在 20 世纪,我们就既不可能有电报,也不可能有电化学或电技术。所以,不得不进行选择的物理学家并没有仅仅以功利来指导他们的选择。可是,他们怎样在自然事实之间选择呢?我们在上一章已作了说明:使他们感兴趣的事实是能够导致发现规律的事实,这些事实因而类似于许多其他在我们看来似乎不是孤立的,而是与另外的东西紧密聚集在一起的事实。孤立的事实吸引着大家的眼睛,吸引着外行人的眼睛和科学家的眼睛。但是,唯有名副其实的物理学家才知道如何观察,把其类似是深刻的但却是隐蔽的许多事实结合起来的结合物是什么。牛顿(Newton)的苹果故事恐怕不是真实的,而是象征性的;不过,让我们把它当做真实的谈一谈吧。好啦,我们必须认为,在牛顿之前,好多人都看见过苹果落地;没有一个人知道从中如何得出任何结论。假如没有能够在事实中选择、分辨在哪些事实背后隐藏某种东西,以及识别什么正在隐藏着的精神,假如没有在未加工的事实下察觉事实精髓的精神,事实也许是毫无成果的。

我们在数学中正好发现同样的东西。从我们正在处理的各种各样的要素中,我们能够得到无数个不同的组合;但是,这些组合中的一个倘若是孤立的,则其毫无价值可信。我们常常含辛茹苦地构造它,但是它却没有效用,也许至多不过是为初等教育提供练习而已。当这个组合在一组类似的组合中找到了位置时,当我们注意到这种类似时,它就完全是另外一个样子了。我们就不再是面对一个事实,而是面对一个定律。在那一天,真正的发现者将不是耐心地建造某些组合的工匠;真正的发现者将是揭示它们的亲缘关系的人。前者看到的只是未加工的事实,只有后者才能察觉到事实的精髓。往往为了确定这种亲缘关系,足以使他构思出新名词,这个名词是有创造力的。科学史向我们提供了大量的大家熟知的例子。

著名的维也纳哲学家马赫曾经说过,科学的作用在于产生思维经济,正像机器产生劳力经济一样。这是十分正确的。原始人用他的手指或借助卵石来计算。在给儿童教乘法表时,我们使他们以后节省了用无数堆卵石进行计算的辛劳。某人已经发现,用卵石或其他东西计算,6 乘 7 等于 42,他特意把这个结果记录下来,因此我们不需要重复它了。他没有白费他的时间,即使他是为消遣而计算的:他的运算只花了两分钟;如果 10 亿个人在他之后重复作这个运算,那总共就要花费 20 亿分钟时间。

于是,事实的重要性用它产生的效益来衡量,也就是说,用它容许我们节省的思维数量来衡量。

在物理学中,具有最大效益的事实是进入十分普遍的定律中的事实,由于这些事实能够使我们根据定律预见大量的其他事实,在数学中情况正是如此。设想我从事一项复杂的运算,费力地达到了一个结果:如果我由此还不能预见其他类似运算的结果,还不能可靠地指导运算以避免人们在首次尝试中必须屈从的摸索,那么我就没有补偿我的辛劳。另一方面,如果这些摸索本身最终向我揭示出刚刚处理的问题深刻类似于更为广泛一类的其他问题,如果它们一举向我表明这些问题的相似和差异,一句话,如果它们使我察觉到概括的可能性,那么我就没有白费我的时间。因此,这不是我已经赢得的一个新结果,而是一种新的能力。

首先想到的简单例子是代数公式的例子,当我们最后用数字代替字母时,这些公式便把一种类型的数值问题的答案给予我们。

多亏它，一次代数运算就使我们省去不断重新开始新的数值计算的辛苦。但是，这只是一个粗糙的例子；我们大家都知道，还有不能用公式表示的、更为珍贵的类似性。

既然在把早就已知的而迄今依然分离的、似乎相互陌生的要素统一起来时，新结果突然在表面上由无序统治的地方引入秩序，那么它就是有价值的。于是，它容许我们一眼看到这些要素中的每一个以及它在集合中的位置。这个新事实不仅仅因其自身而珍贵，而且唯有它才能使它所结合的一切旧事实具有价值。我们的心智像我们的感官一样，也是软弱的；如果世界的复杂性不是和谐的，它就会在这种复杂性中迷失；它像一个眼睛近视的人一样，只能看到细枝末节，在审查下一个枝节前，它又会被迫忘掉先前的每一个细节，由于它不能囊括整体。唯一值得我们注意的事实是那些把秩序引入到这种复杂性中去的事实，从而是使它可以理解的事实。

数学家把重大的意义与他们的方法和他们的结果的雅致联系起来。这不是纯粹的浅薄涉猎。在解中、在证明中给我们以雅致感的实际上是什么呢？它是各部分的和谐，是它们的对称、它们的巧妙平衡；一句话，它是所有引入秩序的东西，是所有给出统一、容许我们清楚地观察和一举理解**整体**和细节的东西。可是，这正好就是产生重大结果的东西；事实上，我们越是清楚地、越是一目了然地观察这个集合，我们就越是彻底地察觉到它与其他邻近对象的类似性，从而我们就有更多的机会推测可能的概括。在意外地遇见我们通常没有汇集到一起的对象时，雅致可以产生未曾料到的感觉；在这里，它再次是富有成果的，因为它这样便向我们揭示出以前没有辨认出的亲缘关系。甚至当它仅仅起因于方法的简单性和提出的问题的复杂性之间的强烈对照时，它也是富有成效的；于是，它促使我们想起这种悬殊差别的理由，而且每每促使我们看到，偶然性并不是理由；它必定能在某个意想不到的定律中找到。简言之，数学雅致感仅仅是由于解适应于我们心智的需要而引起的满足，这个解之所以能够成为我们的工具，正是因为这种适应。因此，这种审美的满足与思维经济密切相关。我又一次想到厄瑞克忒翁庙的雅致的女像柱的比喻，但是我没有必要过于经常地利用它。

正是由于同样的理由，当相当冗长的运算导致出某一简单的引人注目的结果时，只要我们还未证明，我们即使不能预见完整的结果，至少应该**能够预见**它的大多数特性，那我们就不会心满意足。为什么呢？这个运算似乎把我们想要知道的一切都告诉给我们，究竟是什么东西妨碍我们以此为满足呢？这是因为，在类似的情况中，冗长的运算不可能再起作用了，而关于能使我们预见的推理——它常常有一半是直觉的——却不是这样。由于这种推理简短，我们一瞥即见它的所有部分，以致我们即时地觉察到，为了使它适应于能够出现的同一本性的问题，我们必须改变什么。于是，它能够使我们预见这些问题的解是否将是简单的，它至少能够向我们表明是否值得从事这一运算。

我们刚才所说的一切足以表明，企图用任何机械程序代替数学家的自由的首创精神，将是多么愚蠢啊。为了得到具有真正价值的结果，刻苦地进行运算，或者拥有整理事物的机械，都是不够的；值得花时间追求的不只是秩序，而是未曾料到的秩序。机械可以啮噬未加工的事实，而事实的精髓将总是逃脱它。

自19世纪中期以来，数学家越来越想望得到绝对的严格性；他们是对的，这种倾向将越来越受到强调。在数学中，严格性不是一切，但是没有它便没有一切。不是严格的证明微不足道。我想没有人辩驳这个真理。但是，如果过分照字面来理解严格性，我们可能会被诱使得出结论，例如在1820年之前还不存在数学；这显然是过分了；当时的几何学家自愿地理解了我们现在用冗长的论述说明的东西。这并不意味着他们根本没有看到严格性；而是他们太迅速地越过它，要明确地领会它，就必须耐心把它讲一讲。

但是，总是需要这么多的次数来讲它；在所有其他人之前第一个强调精密性的人，把我们可以力图仿效的论据给予我们；可是，如果将来的证明都建立在这个模型的基础上，那么数学论文就会十分冗长；我担心长起来，不仅因为我不赞成书刊塞满图书馆，而且因为我担心这样冗长下去，我们的证明就可能失去和谐的外观，我刚才已说明了和谐的有用性。

思维经济是我们应该对准的目标，因此提供仿效的模型还是不够的。需要使我们之后的人能够省却这些模型，不去重复已经做出的论据，而用几句话概括它。而且，这一点有时已经达到了。例如，有一种到处都可找到的而且处处相似的推理模式。它们是完全精密的，但却颇为冗长。于是，“收敛的一致性”这个用语突然被想到，这个用语使这些论据变得不需要了；我们不再必须重复它们了，由于它们可以被理解。这样一来，那些克服困难的人就给我们双重的帮助：他们首先告诉我们在紧急时像他们那样去做，但是尤其是，他们能够使我们在不牺牲精密性的条件下，尽可能经常地避免像他们那样去做。

我们刚才通过一个例子已经看到名词在数学中的重要性，不过还可以引用许多其他例子。人们很难相信，正如马赫所说，一个精选的名词就能使思维有多么经济。也许我在某处已经说过，数学是把同一名称给予不同事物的艺术。可以说，把这些在内容上不同而在形式上有可能相似的事物纳入同一模式中是恰当的。当选好语言时，我们不胜惊讶地发现，对某一对象所作的论证可直接用于许多新对象；这里什么也没有改变，甚至连名词也没有改，由于名称已变成相同的了。

一个精选的名词通常足以消除用旧方式陈述的法则所遭受的例外；这就是为什么我们创造了负数、虚数、无穷远点等等。我们一定不要忘记，例外是有害的，因为它掩盖着定律。

好了，这是我们用以辨认产生巨大结果的事实的特征之一。多产的事实是容许这些巧妙的语言革新的事实。再者，未加工的事实往往没有多大兴趣；我们可以多次指出它，但对科学并没有提供多大帮助。只有当比较有见地的思想家觉察到它所代表的关系，并用名词把它符号化时，它才会获得价值。

此外，物理学家的做法正好相同。他们发明了“能”这个词，这个词格外富有成效，因为它通过消除例外而创造了定律，由于它把同一名称给予内容不同而形式相似的事物。

在具有最幸运的影响的名词中，我可以挑选出“群”和“不变量”。它们使我们看到许多数学推理的实质；它们向我们表明，在多少情况下，以往的数学家是在不明其义的情况下考虑群的，他们是怎样突然地发现它们不知何故这么接近，他们原以为它们彼此相距甚远呢。

今天，我们可以说，他们处理的是同构群。我们现在知道，在一个群中，内容几乎没有什么兴趣，唯有形式才有考虑的价值；当我们了解一个群时，我们从而也就了解所有的同构群；由于“群”和“同构”这些名词把这个微妙的法则浓缩在几个符号内，并使所有的心智迅速地通晓它，因此转变是即时的，能够以充分的思维经济努力完成。此外，群的观念归属于变换的观念。我们为什么要把这样的价值放在新变换的发明上呢？因为从一个定理，能使我们得到10个或20个定理；这与在紧靠整数的右边加一个零具有同样的价值。

于是，这就是迄今决定数学进展方向的东西，将来肯定还将同样地决定它。可是，所提出的问题的性质同样有助于这个目标。我们不能忘记，我们的目的应当是什么。按照我的观点，这个目的是双重的。我们的科学与哲学和物理学二者相毗邻，我们为我们的两个邻居而工作；因此，我们总是看到，而且还将继续看到，数学家在两个相反的方向上前进。

另一方面，数学科学必须反思自身；由于反思自身就是反省创造它的人类心智，因而它是有用的；因为它真正是人类心智从外界所借取的东西最少的创造物之一，所以它就更加有用了。这就是为什么某些数学推测是有用的，例如专门研究公设、非寻常几何、特殊函数的推测。这些推测距通常的概念以及距自然界和应用愈远，它们就愈加充分地向我们表明，当人类心智越来越多地摆脱外部世界的羁绊时，它能够创造出什么东西，因此它们就愈加充分地让我们在本质上了解人类心智。

但是,我们必须指挥我们的主力部队向其他方面前进,即向自然界方面前进。在这里,我们遇到了物理学家和工程师,他们对我们说:“请给我积分这个微分方程吧;我可能在一周后需要它,由于到那时我要完成一项建筑图。”我们回答说:“这个方程不能归入可积类型之一;你也知道可以积分的方程并不多。”“是的,我知道;但是到那时你有什么作用呢?”通常相互谅解也就够了;工程师实际上不需要无限项的积分;他需要知道积分函数总的概貌,或者他只要求实际上能够从这个积分推演出来的某一个数,倘若这个积分已知的话。通常它不是已知的,但是没有它我们也能计算出这个数,只要我们确切地知道工程师需要什么数以及要达到什么近似程度就可以了。

从前,只有当一个方程的解能够借助于有限数目的已知函数表示时,人们才认为解了方程;但是,这种可能性百中难得其一。我们经常能够做的,或者恰当地讲,我们应该经常力图去做的,可以说是**定性地**解决问题;也就是说,力图去了解表示未知函数的曲线的一般形状。

依然要寻找问题的**定量的**解;可是,如果未知数不能用有限的运算决定,那么它总是可以用能使我们计算它的无限收敛级数来表示。能够认为这是它的真实解吗?我们听说,牛顿曾给莱布尼兹(Leibnitz)寄了一个字谜,其内容大致是 aaaaabbbeeeeii 等。莱布尼兹当然一点也不理解它;但是,我们掌握这个字谜的秘诀,了解它的意思,把它译成现代词语就是:“我能够积分一切微分方程”;而我们却被诱使说,牛顿要不就是十分幸运,要不就是有奇怪的错觉。牛顿只是想说，他能够形成（用未定系数法）一个形式上满足所提出的方程的幂级数。

这样的解今天不会使我们满意，其理由有二：因为收敛太慢，因为相互紧随的项不服从任何规律。相反地，Θ 级数在我们看来好像是完美无缺的，首先因为它收敛很快（这有利于希望尽可能快地得到一个数的实际人），其次因为我们一瞥即见项的规律（这可以满足理论家的审美需示）。

但是，这样一来，就不再有已解的问题和未解的问题；有的只是**或多或少**已被解决的问题，或者它们可以通过程度不同的迅速收敛的级数来解，或者它们由程度不同的和谐的定律来支配。不过，往往发生这种情况：不完美的解把我们引向比较完美的解。有时，级数收敛过慢，以致计算无法实际进行，我们仅仅得以证明问题的可能性。

于是，这位工程师觉得这是一种嘲弄，这恰恰由于它没有帮助他在规定的日期完成他的建筑图。他不想了解，它是否将会有益于 22 世纪的工程师们。但是，至于我们，我们却不这么认为，能为我们后代省却一天工作，有时也比为我们同代人节约一个小时更为使我们感到幸福。

可以说，有时通过在经验上摸索，我们达到一个充分收敛的公式。工程师说："你们还需要什么？"可是，不管怎样，我们仍不满足；我们希望**预见**那个收敛。为什么？因为只要我们一次知道怎样预见它，我们就会知道下一次如何预见它。我们成功了；如果我们不能再次有效地预期这样做，那么成功在我们看来也不过是小事一桩而已。

随着科学的发展,对它做整体的理解也变得更加困难;于是,我们企图把它分割成小块,而满足于这些小块之一:换句话说,企图使它专门化。如果我们在这条道路上继续走下去,那就会为科学的进步设置严重的障碍。正如我们所说,科学进步正是由于它的各部分之间未曾料到的结合引起的。过分专门化便会妨碍这些结合。希望像海德堡会议和罗马会议这样的会议,通过使我们彼此之间接触,将向我们打开邻近领域的视野,促使我们把邻近领域与我们自己的领域加以比较,以便探寻我们自己的小群落之外的东西;因此,它们将是对刚才所提到的危险的最好补救办法。

然而,我在概括上拖延的时间太长了;现在是逐一详述的时候了。

让我们分别审查一下各门特殊学科,它们联合起来构成了数学;让我们看看,每门学科完成了什么,它向哪里发展,我们对它可以有什么希望。如果原先的观点是正确的,那么我们就会看到,过去的最大进展发生在这些学科中的两个结合之时,发生在我们开始意识到它们形式的类似性而不管它们内容的差别之时,发生在它们相互之间如此模仿以致一个获胜而另一个也会受益之时。与此同时,我们可以在同类的结合中预见未来的进步。

算术

与代数和分析相比,算术的进步慢得多,容易看到其中的原因。连续性的感觉是一种宝贵的指导,但是算术家却缺少它;每一个整数都与其他整数相分离——也就是说它具有自己的独立存在性。它们中的每一个都是一种例外,这就是在数论中普遍定理比较稀少的原因;这也是存在的定理隐藏得比较多,而且比较长期地使研究人员为难的原因。

如果说算术落后于代数和分析,为此最有效的做法是,力图使算术仿效这两门学科,以便从它们的进展中获得好处。因此,算术家应当把与代数的类似作为指导。这些类似是大量的,在许多情况中,即使还没有充分仔细地研究它们是否可以利用,但至少长期以来已预见到它们,甚至这两门学科的语言表明,人们已清楚地认识它们。我们这样谈论超越数,我们这样阐明超越数的未来分类,已经让超越函数的分类作为模型,我们迄今还没有十分明确地看到如何从一种分类过渡到另一种分类;但是,假如人们已认识到它,那么它已经被完成了,它已不再是将来的工作了。

我想起的第一个例子是同余理论,在其中可以找到与代数方程理论完全的平行性。的确,我们将会成功地完成这种平行性,例如这种平行性必须在代数曲线理论和两个变量的同余理论之间成立。而且,当要解决与几个变量的同余有关的问题时,这将是通向解决许多不定分析问题的第一步。

代数

代数方程理论还将长期地引起几何学家的注意,人们可以着手研究的方面是很多的、很不同的。

我们无须认为代数走到了尽头,因为它给我们以形成所有可能组合的规则;依然要寻找满足某种条件的有趣的组合。这样一来将形成一种不定分析,其中的未知数将不再是整数,而是多项式。这时,代数本身将仿效算术,以致整数与具有任意系数的整多项式或具有整系数的整多项式可以类比。

几何学

看起来，好像几何学包含的无非是在代数或分析中已经包括的东西；几何学事实只不过是用另一种语言表达的代数事实或分析事实。因此，可以认为，在我们考察之后，没有多少特别与几何学有关的东西供我们谈论了。这也许是没有明确认识到精心构造的语言的重要性，不理解借助于表示这些事物的方法以及分类它们的方法把什么添加到事物本身之中。

首先，几何学的考虑导致我们向我们自己提出新问题；如果你乐意的话，这些问题可以是解析问题，但是在解析方面，我们向我们自己永远也提不出这样的问题。不过，解析因这些问题受益，正如它因为了满足物理学的需要而必须解决的问题受益一样。

几何学的巨大优点在于下述事实：在其中感官能够帮助思维，有助于发现前进的道路，许多心智都偏爱把解析问题化为几何学形式。不幸的是，我们的感官不能把我们带得很远，当我们想超越经典的三维时，感官就舍弃我们。这难道意味着，超过感官似乎希望把我们束缚于其内的有限领域，我们只能依靠纯粹解析，所有大于三维的几何学都是徒劳的和无目的的吗？前一辈的大师们可能回答"是"；今天，我们如此熟悉这个概念，以致我们甚至能在大学课程中谈及它了，而不会引起过多的惊讶。

但是，它有什么用处呢？这很容易看到：首先，它给我们以十分方便的术语，这种术语简洁地表达了通常解析语言用冗长的用语才能讲清的东西。而且，这种语言使我们用同一名称称谓相似的事物，使我们突出类似性，让我们永远不再忘记它。因此，这种语言还能使我们在对我们来说太重要的而我们却无法看见的空间中找到我们的道路，这种空间使我们总是回想起视觉空间，视觉空间无疑只是它的不完善的图像，但不管怎样总是一种图像。与前面所有的例子一样，这里又一次出现了与简单事物的类似性，这使我们能够理解复杂事物。

这种大于三维的几何学不是简单的解析几何学；它不是纯粹定量的，而是定性的，正是在这方面，它变得尤其有趣。有一种学科叫**拓扑学**，它把研究图形的不同要素的位置关系作为它的对象，而不管各要素的大小。这种几何学是纯粹定性的；即使图形不是精密的，是孩子粗略地摹拟的，其定理却依然为真。我们也可以创造出大于三维的拓扑学。拓扑学的重要性是巨大的，但也不能强调得太过分了；拓扑学的主要创始人之一黎曼(Riemann)从中得到的好处足以证明这一点。我们必须得到它在多维空间中的完备结构；我们因而将有一种工具，能使我们实际上能在多维空间内观察，以弥补我们的感官。

假如只讲解析语言，那么拓扑学问题也许还不会提出；或者确切地讲，我弄错了，这些问题确实出现了，由于它们的解答对于一大堆解析问题是必不可少的，但是它们是一个接一个地单独来到的，我们未能察觉到它们共同的结合物。

康托尔主义

上面我已经说过，我们需要继续回到数学的第一原理，还说过这对于研究人类心智有什么好处。这种需要唤起了两种努力，它们在最近的数学编年史上占据了十分突出的位置。第一种是康托尔主义,它对数学提供了显著的帮助。康托尔(Cantor)把一种新的考虑数学无穷的方法引入科学。康托尔主义的特征之一在于,它不是通过建立越来越复杂的构造上升到一般,不是通过构造来定义的,正如学究们所说的,它从**最高类**出发,**只通过最近类和种差**来定义。它有时在某些心智上引起的极端厌恶便由此而来,例如埃尔米特(Hermite)即是其中之一,他特别偏爱的观念就是把数学科学和自然科学加以对照。就我们大多数人而言,这些偏见已经烟消云散了,但是却出现了这样的情况:我们意外地碰到了某些悖论,即某些表面上的矛盾,它们会使爱利亚人芝诺(Zeno the Eleatic)和迈加拉学派(the school of Megara)[①]感到高兴。因此,每一个人都必须寻求补救办法。就我个人——不仅仅是我一个人——而言,我认为,重要的事情永远是引入能用有限的词完备定义的实体。不管采纳什么治疗方案,我们都可以指望像请来的医生那样高兴,因为他是仿效绝妙的病理学方面的案例来诊治的。

公设的探讨

另一方面,人们曾努力列举或多或少隐藏的公理和公设,把它们作为各种不同的数学理论的基础。希尔伯特(Hilbert)教授获得了最辉煌的成果。乍看起来,这个领域似乎是很有限的,当花不了多长时间把目录编好后,就不会有什么事可做了。但是,当我们

① 这一学派为古希腊诡辩论哲学家欧克莱得斯(约公元前450—前380)所创,因其出生地迈加拉(墨伽拉)而得名,它对斯多葛学派有影响。——中译者注

清点了所有的东西后，就将有多种分类这一切的方法；一个健全的图书馆总可以找到某些要做的事情，每一种新分类法都会对哲学家有所启发。

在这里，我要结束这一考察了，我不会梦想使考察完善。我认为，这些例子将足以表明，数学科学通过什么机制在过去取得了进步，它们将来必须在什么方向上进展。

第三章　数学创造

数学创造的发生是一个应使心理学家强烈感兴趣的问题。它是一种活动，在这种活动中，人类心智似乎从外部世界取走的东西最少，在这种活动中，人类心智起着作用，或者似乎只是自行起作用和凭靠自己起作用，以致在研究几何学思维的步骤时，我们可以期望达到人类心智的最本质的东西。

长期以来，人们已经懂得这一点，若干时间之前，由莱桑(Laisant)和费尔(Fehr)编辑的《数学教学》杂志开始调查不同数学家的思想习惯和工作方法。当那项调查的结果发表时，我已写完了我的这篇文章的主要轮廓，因此我不可能利用它们，我只想说明，大多数证据确认了我的结论；我没有说全部证据，因为当诉诸全体投票时，不可能希望会取得一致同意。

最初的事实应使我们感到惊奇，或者更确切地讲，如果我们还不这样习惯它，它就会使我们感到惊奇。有人不理解数学，这是怎么发生的呢？既然数学只求助于诸如所有正常心智都能接受的逻辑规则，既然数学的证据建立在对一切人都是共同的原理的基础上，既然没有一个不发疯的人会否认这一点，那么在这里为何出现如此之多执拗的人呢？

并非每一个人都能够发明，这绝不是难以理解的。并非每一个人都能够记住一次学到的证明，这也可以略而不提。但是，当把数学推理加以说明之后，并非每一个人都能够理解它，我们想想这件事，似乎是十分奇怪的。可是，大多数人只能够相当吃力地仿效这一推理：这是不可否认的，中学教员的经验确实不能否定这一点。

进而要问：在数学中为何也可能出错？健全的心智不应当犯逻辑谬误之罪，可是有一些十分敏锐的心智，他们在诸如发生在日常的生活活动中的简短推理方面未犯错误，但是却不能毫无错误地仿效或重复数学证明，这些证明虽则较长，但毕竟只是完全类似于他们容易做出的简短推理的堆积。我们还需要补充说数学家本人也不是一贯正确的人吗？

答案对我来说是显而易见的。设想一个长系列的三段论，第一个的结论是下一个结论的前提：我们将能够理解这些三段论的每一个，在从前提向结论的过渡中，我们没有处于受骗的危险之中。但是，我们在某一时刻遇到一个命题作为一个三段论的结论，在过去一些时间后，我们又偶然地重新遇到它却作为另一个三段论的前提，在这两个时刻之间，这个链条的几个环节将展现出来；这样一来，可能会发生下述情况：我们忘掉了这个命题，或者还要糟糕，我们忘掉了它的意义。因此，可能碰巧，我们可以用一个稍微不同的命题代替它，或者在保持同一阐述时，我们却赋予它以稍微不同的意义，我们面临的错误就是由此而来。

数学家常常使用法则。他当然以证明这个法则开始；当这个证明在他的记忆中还很鲜明之时，他完全理解它的意义和它的关系，他没有陷入改变它的危险中。可是后来，他相信他的记忆，并进而仅仅以机械的方式应用它;不过,如果他的记忆使他失望,他就会统统把它用错。举一个简单的例子,这就像我们之所以有时在运算中出差错,是因为我们忘记了我们的乘法表。

照此看来,数学的特殊才能也许仅仅是由于十分可靠的记忆或惊人的注意力。它是一种类似于玩惠斯特牌的人的能力,玩牌人记着所玩的牌;或者再进一步,它类似于棋手的能力,棋手能够想像为数众多的组合,并把它们记在心里。每一个高明的数学家都应该是高明的棋手,反过来也是这样;同样地,他也应该是一位高明的计算家。不用说,这有时会出现;例如,高斯(Gauss)同时是天才的几何学家和十分早慧的、精确的计算家。

但是也有例外;或者确切地讲,我弄错了;在例外不多于常规的情况下,我不能把它们叫做例外。相反地,正是高斯,才是一个例外。至于我自己,我必须承认,即使让我做加法,我也绝对不可能不出错。按同样的方式,我无非是一位蹩脚的棋手;我察觉到,采用某种走法,我会陷于某种危险;我逐一审查了几种其他走法,因另外的理由放弃了它们,而最后我走了第一次考察的步子,其间我忘记了我曾经预见到的危险。

换句话说,我的记性不是不好,但它不足以使我成为一位高明的棋手。在一段困难的数学推理中,最高明的棋手也会晕头转向,可是我为什么不会失败呢?显然,这是因为一般的推理步骤引导着我。数学证明不是三段论的简单并列,它是**按某种秩序**安置三段论,这些要素安置的顺序比要素本身更为重要。如果我具有这种秩序的感觉,也可以说这种秩序的直觉,以便一眼就觉察到作为一个整体的推理,那么我已无须再害怕我忘记这些要素之一,因为它们之中的每一个都在排列中得到它的指定位置，而且不要我本人费力记忆。

于是，在我看来，在重复已学到手的推理时，好像我能够发明它。这往往只是一种错觉；但是，即便如此，即便我本人没有创造它的天赋，就我重复它而言，我本人也是重新发明它。

我们知道，对数学秩序的这种感觉、这种直觉，使我们推测隐藏的和谐与关系，但它并不是每一个人都具有的。有些人或者没有这种如此难以定义的微妙的感觉，或者没有超常的记忆力和注意力，因此他们将绝对不可能理解较高级的数学。这种人是多数。另一些人仅略有这种感觉，但是他们具有非同寻常的记忆力和高度的注意力这样的天赋。他们将一个接一个地记住各种细节；他们能够理解数学，有时也能应用，但是他们不能创造。最后，还有一些人或多或少地具有所提到的特殊的直觉，因此，即使他们的记忆力毫无非同寻常之处，他们却不仅能够理解数学，而且可以成为创造者，并试图做出发明，其成功之大小取决于这种直觉在他们身上发展的程度之大小。

数学创造实际上是什么呢？它并不在于用已知的数学实体做出新的组合。任何一个人都会做这种组合，但这样做出的组合在数目上是无限的，它们中的大多数完全没有兴趣。创造恰恰在于不做无用的组合，而做有用的、为数极少的组合。发明就是辨别、选择。

我以前已说明过如何进行这种选择；值得加以研究的数学事实是这样一些事实，通过它们与其他事实的类比，能够导致我们了解数学定律，正像实验事实导致我们了解物理学定律一样。它们是向我们揭示其他事实之间意料之外的关系的事实，我们虽然早就知道其他事实，但却错误地认为它们彼此之间是陌生人。

在所选择出来的组合中，最富有成果的组合常常是从相距很远的领域取出的要素形成的组合。我的意思并不是说，把尽可能相异的对象汇集到一起就足以做出发明；这样形成的大多数组合都毫无成效。但是，它们之中的某些极稀有的组合却是最富有成果的。

我说过，发明就是选择；但是，这个词也许不完全精密。它使人想起采购员，在他面前陈放着大量的货样，他逐个审视它们，以便做出选择。这里的货样多得不可胜数，他的整个一生也不足以把它们审查完。事情的实际状况并不是这样。无成效的组合甚至不出现在发明家的心智中。除了他抛弃的一些组合——尽管它们也在某种程度上具有有用组合的特征——之外，在他有意识做出的组合的范围内，仿佛实际上从来也没有无用的东西。这一切就好像发明家是一位复试主考人那样进行，他只询问已经通过初试的候选人。

不过，我迄今所说的都是在读几何学家的著作时可以观察到或可以猜测到的东西，当然要动脑筋读。

现在，比较深刻地洞察一下，看看在数学家的心灵本身中发生着什么。关于这一点，我相信，回忆一下我自己的心灵是最好不过的了。但是，我将只限于讲述我是如何写出我的第一篇关于富克斯(Fuchs)函数的论文的。我请求读者原谅；我正准备使用一些专门的表述，但是读者不要害怕它们，因为没有人强迫他理解它们。例如，我将说，我是在这样的情况下找到了这样一个定理的证明的。这个定理将有一个不规范的名字，许多人都不知道它，不过这并不重要；心理学家感兴趣的不是这个定理，而是发明这个定理的情况。

我曾用了15天时间力图证明，不可能存在任何类似于我后来称之为富克斯函数的函数。我当时一无所知；我每天独自一人坐在我的办公桌前，待一两个小时，尝试了大量的组合，什么结果也没有得到。一天夜晚，我违反了我的习惯，饮用了黑咖啡，久久不能入睡。各种想法纷至沓来；我感到它们相互冲突，直到成对地联结起来，也就是说，造成了稳定的组合。到第二天早晨，我已确立了一类富克斯函数的存在，它们来源于超几何级数；我只是必须写出结果，仅花费了几个小时。

接着，我想用两个级数之商把这些函数表示出来；这种想法完全是有意识的和深思熟虑的，与椭圆函数的类比指导着我。我问我自己，如果这些级数存在，它们必须具有什么性质，我毫无困难地获得了成功，形成了我所谓的西塔(θ)富克斯函数。

恰恰在这时，我离开了我当时居住的卡昂，参加了矿业学校主办的地质考察旅行。沿途的景致使我忘却了我的数学工作。到达库唐塞后，我登上公共马车去某个地方。当我的脚踩上踏板的一刹那，一种想法涌上我的心头，即我通常定义富克斯函数的变换等价于非欧几何学的变换，在我先前的思想中，似乎没有任何东西为它铺平道路。我没有证实这一想法；我坐在公共马车座位上，此时不可能有时间证实，而是继续进行已经开始的谈话，但是我感到它是完全确定的。返回卡昂，为了问心无愧起见，我抽空证实了这一结果。

然后，我把注意力转向一些算术问题的研究，表面看来没有取得许多成果，也没有想到它们与我以前的研究有什么关联。我为我的失败而扫兴，于是前往海滨消磨几天时间，想一些其他事情。一天早晨，当我正在悬崖旁散步时，一种想法浮现在我的心头，即不定三元二次型的算术变换等价于非欧几何学的变换，它正好具有同样的简洁、突然和即时确定的特征。

回到卡昂以后，我深思了这个结果，推导出一些结论。二次型的例子向我表明，存在着富克斯群，这些群不同于与超几何级数对应的群；我看到，我可以把 θ 富克斯级数理论应用于这些群，从而存在着一些富克斯函数，它们不同于当时我知道的、从超几何级数得到的函数。我自然而然地让我自己开始构造这一切函数。我向它们发起了系统的攻击，一个接一个地攻克了所有的外围工事。有一处外围工事无论怎样进攻还是岿然不动，只有攻陷它才能占领整个阵地。但是，我的全部努力乍看起来只是使困难更清楚地呈现在我的面前，事情实际上就是这样。所有这些工作完全是有意识的。

紧接着，我要去瓦莱里昂山服军役；这样，我便从事截然不同的职业。一天，我正沿大街行走，曾经阻碍我的困难的答案突然呈现在我的面前。我无法立即下功夫深入探讨它，只是在服役结束后，我才再次着手处理这个问题。我已有全部要素，只需排列它们和整理它们。就这样，我一举写出了我的最后的论文，丝毫没有感到什么困难。

我只限于举这一个例子；多举也无用。关于我的其他研究工作，我可以讲出类似的情况，其他数学家在《数学教学》杂志中所给出的观察意见只会确认它们。

起初，最为引人注目的是顿悟的显现，这是先前长期无意识工作的明显征兆。在数学发明中，这种无意识工作的作用在我看来似乎是不可否认的，在其他不大明显的情况下，也可以发现它的痕迹。当人们研究一个艰难的问题时，在第一次进攻中往往达不到良好的效果。于是，人们或长或短地休息一下，坐下来重新工作。在起初半小时内，像以前一样，什么也找不到，然后一个决定性的想法冷不防地浮现在脑海。可以说，有意识的工作之所以比较富有成效，是因为它被打断了，休息使心智生气勃勃、精力饱满。但是，很可能是这样：这种休息充满了无意识的工作，这种工作的结果此后向几何学家揭示出与我所举的例子恰好一样的东西；只是这种揭示不是在散步或旅行时发生，而是在有意识的工作期间发生的，不过它与有意识的工作无关，而有意识的工作至多起了兴奋剂的作用，犹如它是一种刺激物一样，它激发了在休息时已经达到的结果，但依然是无意识的，尽管它采取了有意识的形式。

关于这种无意识工作的条件，还可以评论如下：如果一方面有意识的工作期间在它之前，另一方面有意识的工作期间又尾随其后，那么它就是可能的，而且肯定才是富有成果的。这些突如其来的灵感（已经引用的例子充分证明了这一点）除非在自愿的努力若干天之后，否则就不会出现，尽管这些努力好像毫无成果，从中也没有得出什么好东西，而且所采取的路线似乎是完全误入歧途的。可是，这些努力并不像人们设想的那样一点成效也没有；它们驱动着无意识的机器，没有它们，无意识的机器就不会运转，也不会生产出任何东西。

在灵感之后,对于第二个时期的有意识的工作之需要,还比较容易理解。必须使灵感的结果成形,从它们之中推导出直接的结论,排列它们,用语言表达出证明,而尤其必须加以证实。我已经谈过伴随灵感的绝对确实性的感觉;在所举的案例中,这种感觉不是骗子,而且通常它的确不会骗人。但是,不能认为这个准则没有例外;这种感觉有时显得很逼真,也往往会欺骗我们,只有当我们企图进行证明时,我们才会发现这一点。当我早晨或晚上躺在床上处于半睡眠状态时,常有一些念头浮想联翩,我特别注意这一事实。

实际情况的确是这样;现在,对于这些念头强加于我们的思想加以评论。无意识的自我,或者如我们所说的阈下的自我,在数学创造中起着重要的作用;这可由我们所说的情况中得出。但是,通常认为阈下的自我是纯粹自动的。现在,我们已看到,数学工作并非仅仅是机械工作,它不能用机器完成,无论如何不能用机器圆满地完成。这不只是应用法则的问题和按照某一固定的规律做出许多可能的组合的问题。这样得到的组合为数极多,但却是无用的和拖累的。发明者的真正工作就在于在这些组合中进行选择,以便消除无用的组合,或者更确切地讲,避免构造它们的麻烦,而且必须指导这种选择的法则应极其精巧、极其微妙。要精确地陈述它们几乎是不可能的;与其说它们可以被阐述出来,倒不如说它们可以被感觉到。在这些条件下,如何设想能够机械地应用它们的筛子呢?

第一个假设现在呈现出来:阈下的自我绝不劣于有意识的自我;它不是纯粹自动的;它能够识别;它机智、敏锐;它知道如何选择，如何凭直觉推测。我说什么呢？它比有意识的自我更清楚地知道如何凭直觉推测，因为它在有意识的自我失败了的地方获得成功。一句话，阈下的自我难道不比有意识的自我优越吗？你认识这个问题的充分重要性吧。布特鲁(Boutroux)在最近的讲演中表明，它如何出现在十分不同的场合中，对它作肯定的回答会得出什么结论。(也可参见同一个作者所著的《科学与宗教》第 313 页及其以后各页)

这种肯定的回答是因我刚才给出的事实迫使我们做出的吗？就我自己来说，我承认我不愿意接受它。那么，让我们重新审查一下那些事实，看看它们是否与另外的说明相容。

可以肯定，在无意识的工作延续了一段时间之后，以一种顿悟的形式呈现在我们心智中的组合，一般说来是有用的、多产的组合，这似乎是初次印象的结果。由此是否可以得出，在通过微妙的直觉推测这些组合也许是有用的时候，阈下的自我只不过是形成了这些组合呢，或者更确切地讲，阈下的自我形成了许多缺乏兴趣的、依然是无意识的其他组合呢？

按照第二种方式观察阈下的自我，所有的组合都是由于阈下的自我的自动作用而形成的，不过只是有趣的组合才能闯入意识领域。这还是很神秘的。在我们无意识活动的无数产物中，只有一些被召唤通过阈限，其他的依旧在阈限之下，其原因何在呢？这种特权是简单的偶然性给予的吗？显然不是；例如，在我们感官的所有刺激物中，只有最强烈的才能引起我们的注意，除非由于其他原因把我们的注意力吸引到不甚强烈的刺激物。更一般地讲，有特权的无意识的现象，即容许变成有意识的现象，就是直接或间接最深刻地影响我们情感的现象。

关于数学证明,它似乎只能使理智感兴趣,当我们看到它合乎时宜地乞灵于情感时,可能会感到诧异。这也许是忘记了数学的美感、数和形的和谐感、几何学的雅致感。这是一切真正的数学家都知道的真实的审美感,它的确属于情感。

现在,被我们赋予美和雅致这一特征的、能在我们身上产生一种审美情感的数学实体是什么呢?它们是这样的实体:它们的要素和谐地配置,以致心智能够毫不费力地包容它们的整体,同时又能认清细节。这种和谐同时是我们审美需要的满足以及支持和指导心智的助手。与此同时,一个秩序井然的整体摆在我们的双目之下,促使我们预见数学定律。现在,正如我们上面说过的,唯一值得吸引我们的注意力的、能够是有用的数学事实,是可以教导我们数学定律的数学事实。于是,我们便达到下述结论:有用的组合恰恰是最美的组合,我意指最能使这种特殊情感着迷的组合,所有的数学家都知道这种情感,但是对它的亵渎却达到如此愚昧的地步,以致常常被诱导嗤笑它。

此外还发生了什么呢?在由阈下的自我盲目形成的大量组合中,几乎所有的都毫无兴趣、毫无用处;可是正因为如此,它们对审美感也没有什么影响。意识永远不会知道它们;只有某些组合是和谐的,从而同时也是有用的和美的。它们将能够触动我刚才所说的几何学家的这种特殊情感,这种情感一旦被唤起,便会把我们的注意力引向它们,从而为它们提供变成有意识的机会。

这只是一个假设,可是在这里有可以确认它的观察材料:当一个顿悟抓住数学家的心智时,它碰巧往往不会欺骗他,但是正如我说过的，它有时碰巧也经受不住证实的检验；好了，我们几乎总是注意到，这种人为的观念倘若是真实的，它就会使我们对于数学雅致的自然情感得到满足。

因此，正是这种特殊的审美感，起着我已经说过的微妙的筛选作用，这充分地说明，缺乏这种审美感的人为什么永远不会成为真正的创造者。

可是，困难并没有完全消失。有意识的自我严格地受到限制，至于阈下的自我，我们不知道它的限制，这就是为什么我们不太勉强地假定，它在短时间内能够做出的各种组合比有意识的自我整个一生能够完成的组合还要多。可是，这种限制是存在的。阈下的自我能够形成所有可能的组合，其数目之多会吓坏想像力，这可信吗？不管怎样，这似乎是必要的，因为假使它仅仅产生一小部分这些组合，假使它随意地构造它们，那么我们在它们中能够选择的、可以发现的**有效的**组合的机遇就会很少。

有意识的工作总是在所有富有成果的无意识的劳动之前，也许我们应当在有意识的工作的初期寻求说明。请允许我粗略地做一比较。把我们组合中的未来要素想像为伊壁鸠鲁(Epicurus)的带钩原子吧。在心智完全休眠时，这些原子是不动的，也可以说，它们钩住了墙壁；因此，这种完全的休息可以无限地延续下去，没有相遇的原子，从而在它们之间也没有任何组合。

另一方面，在表面的休息和无意识的工作期间，它们中的某些原子脱离墙壁并开始运动。它们通过圈住它们的空间(我正要说房间)向各个方向发出，犹如一群蚊虫，或者你如果喜欢学术上的比喻的话，它们就像气体运动论中的气体分子。于是，它们的相互碰撞可以产生新的组合。

初期的有意识的工作有何作用呢？显而易见，它使这些原子中的某一些可以运动，它把它们从墙壁上卸下来并使它们自由活动。我们认为，我们之所以无效，是因为要把这些要素汇集起来，就要使它们以无数不同的方式运动，是因为我们未找到满意的集合。但是，在通过我们的意志强使这些原子松散并重新组合之后，它们就不会返回到它们的初始状态。它们自由地继续它们的舞动。

好了，我们的意志并非随意地选择它们；它追求一个完全确定的目的。因此，使之可动的原子并非无论什么样的原子；它们是我们可以合理地期望从中得到所要求的答案的原子。于是，使之可动的原子经受碰撞，从而使它们进入它们之间的组合，或者它们与在它们的进程中撞击到的其他静止的原子形成组合。我再次请求原谅，我的比喻是很粗糙的，但是我不知道如何用其他方法使我的思想得以理解。

不管情况可能如何，有形成机遇的组合仅仅是这样一些组合，即其中的要素至少有一个是由我们的意志自由地选择出的那些原子之一。现在，很明显，在这些组合中，可以找到我所谓的**有效的组合**。也许这是一种减少原来假设中的悖论的途径。

还有另外的观察意见。我们在那里仅应用固定的法则，**全部做出了**有点冗长的运算，而无意识的工作永远也不会碰巧为我们提供这个结果。我们可能以为，完全自动的阈下的自我特别适合这类工作，这在某种意义上是完全机械的。也许我们夜晚思考乘法因子，我们醒来时必定希望找到预先做出的乘积，或者还希望代数运算——例如证实——可以无意识地被做出来。正如观察所证明的，根本没有这种事。从这些灵感中，从无意识的工作的成果中，人们可望得到的一切只是这样的运算的出发点。至于运算本身，必须在紧随灵感之后的有意识的工作的第二个期间完成它们，人们在此期间证实这一灵感的结果，推出它们的结论。这些运算的法则是严格的和复杂的。它们要求纪律、注意力、意志，因而要求意识。相反地，在阈下的自我中，则是由我所说的自由统治着，倘若我用自由这个名称称呼单纯缺乏纪律和源于机遇的无序的话。不过，这种无序本身却容许未曾料到的组合。

我将做最后的评论：当我在上面发表某些个人的观察材料时，我谈到我不由自主地工作时的令人激动的夜晚。这样的情况是经常发生的，不过大脑的反常活动不必要由我曾提到的物质刺激物引起。在这样的案例中，人们在他自己的无意识的工作中呈现出的东西似乎可以部分地被过分激动的意识所领悟，可是这并不改变无意识的工作的本性。于是，我们不甚明确地理解了两种机制——如果你愿意的话，也可以说是两种自我的工作方法——的区别是什么。而且，在我看来，我从中能够做出的心理学观察似乎在它们的总轮廓上确认了我提出的观点。

的确，这些观点需要确认，因为不管怎样，它们是而且依然是真正的假设：对这些问题的兴趣如此之大，以致我不后悔向读者提出了上述观点。

第四章 偶然性

I

“我们怎么竟敢谈论偶然性[①]的定律呢？偶然性不是一切定律的对立面吗？”贝尔特朗德(Bertrand)在他的《概率运算》一书的开头这样说。概率与确实性相对立；因此，它是我们不了解的，从而它似乎也是我们无法计算的。在这里，至少表面上有一个矛盾，人们就此已经写了许多论著。

首先，什么是偶然性？古人把现象区分为表面上服从一劳永逸地确立起来的、和谐的定律的现象和归之于偶然性的现象；后者是无法预言的现象，因为它们不服从所有的定律。在每一个领域中，精确的定律并非决定一切，它们只是划出了偶然性可能在其间起作用的界限。在这一概念中，偶然性这个词具有精密的和客观的意义：对一个人来说是偶然性的东西对另一个人来说也是偶然性，甚至对上帝来说也是这样。

但是，这个概念不是我们今天的概念。我们变成了绝对的决定论者，即使那些想保持人类的自由意志的权利的人，也让决定论

① chance 一词在此译为“偶然性”，此前也曾译为“机遇”。——中译者注

至少在无机界专门统治。每一个现象不管多么微不足道，都有原因；全智全能的、对自然定律了如指掌的心智，从许多世纪以前就能预见这个原因。如果这样的心智存在，那我们就无法和它玩任何机遇游戏；我们必输无疑。

事实上，对这种心智来说，偶然性一词便没有任何意义，或者确切地讲，就不可能有偶然性。正因为我们软弱和无知，这个词在我们看来才有意义。即使不超出我们微弱无力的人类，白痴心目中的偶然性也不是科学家心目中的偶然性。偶然性仅仅是我们无知的量度。按照定义，偶然发生的现象就是我们不知道其规律的现象。

可是，这个定义完全令人满意吗？当头一批古巴比伦的迦勒底(Chaldean)牧羊人用他们的双眼追踪星球的运动时，他们直到当时还不知道天文学定律；他们会梦想说星球随意运动吗？如果近代物理学家研究新现象，如果他在星期二发现了它的规律，那么他会在星期一说这个现象是偶然发生的吗？而且，为了预言现象，我们不是常常求助于贝尔特朗德的所谓的偶然性定律吗？例如，在气体运动论中，我们借助于气体分子的速度无规则变化即随意变化的假设，得到了著名的马略特(Mariotte)定律和盖·吕萨克(Gay-Lussac)定律。所有的物理学家都会同意，如果速度受无论多么简单的基本定律支配，如果分子像我们所说的那样是**有组织的**，如果它们服从某种纪律，那么可观察的定律就不会简单得多。正是由于偶然性，也可以说是由于我们的无知，我们才能引出我们的结论；于是，如果偶然性一词仅仅与无知同义，那意味着什么呢？我们必须因此而做如下解释吗？

“你请求我给你预言所发生的现象。很不幸，如果我知道这些现象的定律，那么我只有通过无法解开的运算做预言，因而我便会放弃回答你的尝试；但是，因为我交了好运而不知道这些定律，我将会立即回答你。最令人奇怪的是，我的答案将是正确的。”

这样一来，情况必然很清楚：偶然性并非是我们给我们的无知所取的名字。在我们不知其原因的现象中，有一种是偶然发生的现象，概率运算将会暂时给出它们的信息，另一种不是偶然发生的，只要我们未决定支配它们的定律，我们就无法谈论它，我们必须把上述两种现象区分开来。对于偶然发生的现象本身，通过概率运算给予我们的信息显然将是真的，即使到这些现象将被更充分地了解的那一天也不失其真。

人寿保险公司的董事不知道受保的每一个人何时会死，但是他依靠概率计算和大数定律，他没有弄错，由于他把红利分给股东。在保险单签字后，即使有一个头脑十分敏锐、行动十分紧凑的医生向那位董事揭示出受保人的寿命的偶然性，这些红利也不会丧失。这位医生使董事不再无知，但他并没有影响红利，显然红利不是这种无知的结果。

II

为了找到一个更好的偶然性的定义，我们必须审查某些事实，我们一致认为这些事实是偶然发生的，概率运算似乎可用于它们；然后我们将研究，它们的共同特征是什么。

我们选取的第一个例子是不稳平衡；如果一个圆锥停在它的

顶点上，我们清楚地知道，它将倒下去，但是我们不知道它倒向哪一侧；在我们看来，似乎只有偶然性才能决定。如果圆锥完全对称，如果它的轴是完全垂直的，如果除重力外它不再受其他力的作用，那么它根本不会倒下去。但是，对称性的最小欠缺将使它稍微倾斜到一侧或另一侧，而且如果它倾斜了，不管倾斜得多么小，它必将完全倒向那一侧。即使对称性是完美无缺的，极轻微的震动，空气的轻微流动也能够使它倾斜几弧秒；这将足以决定它的倒下，甚至它倒下的方向也是起初倾斜的方向。

我们觉察不到的极其轻微的原因决定着我们不能不看到的显著结果，于是我们却说这个结果是由于偶然性。如果我们能够精确地了解自然定律以及宇宙在初始时刻的状态，那么我们就能够正确地预言这同一宇宙在后继时刻的状态。不过，即使自然定律对我们已无进一步的秘密可言，我们也只能**近似地**知道初始状态。如果情况容许我们**以同样的近似度**预见后继的状态，这就是我们所要求的一切，那么我们便说该现象被预言了，它受规律支配。但是，实例并非总是如此；可以发生这样的情况：初始条件的微小差别在最后的现象中产生了极大的差别；前者的微小误差造成了后者的巨大误差。预言变得不可能了，我们有的是偶然发生的现象。

我们的第二个例子将与第一个十分相似，我们将举出气象学上的例子。为什么气象学家以某种确实性预报天气有这样的困难呢？为什么狂风暴雨在我们看来似乎是出于偶然，以致许多人觉得祈雨或求晴是十分自然的，而认为祈祷日蚀或月蚀是荒唐可笑的呢？我们看到，大扰动一般发生在大气处于不稳平衡的区域内。气象学家意识到，这种平衡是不稳定的，某处正在产生气旋；可是，他们不能告诉在什么地方；在任何一点多十分之一度或少十分之一度，气旋就在这里突然发生而不在那里突然发生，并把它的破坏波及它本来不会危害的地区。如果我们早知道这十分之一度，我们就能预见这个气旋，但是观察或者不充分仔细，或者不充分精确，由于这个理由，一切似乎都是出于偶然性的作用。在这里，我们再次发现，在观察者未正确估价的极其轻微的原因和有时会产生可怕灾难的重大结果之间，存在着同样的对照。

让我们举另一个例子，即黄道带上的小行星分布。它们的初始黄经可以是任何黄经；但是，它们的平均运动是不同的，它们已旋转了这么长的时间，以致我们可以说它们现在是沿黄道带随意分布的。它们与太阳之间的距离的十分微小的初始差别，亦即它们平均运动之间的十分微小的差别，都会导致它们目前黄经之间的巨大差异。每日平均运动超出千分之一秒，事实上三年将超出一秒，一万年将超出一度，三四百万年将超出一个圆周，自小行星自身从拉普拉斯(Laplace)星云分离出来，已经过去的时间不知有多少？因此，我们再次看到微小的原因和巨大的结果；或者更准确地讲，我们再次看到原因上的微小差别和结果上的巨大差别。

轮盘赌游戏在外表上好像并未使我们减损前面的例子。设指针绕支点在刻度盘上转动，刻度盘被等分为红黑相间的一百个扇形。若指针停在红扇形上，则算我赢；否则我输。显然，一切均取决于我给指针的初始推动。假定指针将转十圈或二十圈，不过它将比较快地停下来或不那么快地停下来，这由我推它的力的或强或弱而定。推力仅变化千分之一或两千分之一，就足以使指针停在黑扇形或下一个红扇形。这些差别是我们的肌肉感觉无法区分的,甚至最灵敏的仪器也无能为力。于是,我不可能预见我推动的指针将停在何处,这就是我的心紧张地跳动,期望一切都交好运的缘由。原因上的差别是难以觉察的,而结果上的差别对我来说却是至关重要的,由于它就是我的整个赌注。

III

在这方面,请允许我谈谈与我的论题在某种程度上不相干的想法。若干年前,一位哲学家说过,未来由过去决定,但过去并不由未来决定;或者,换句话说,知道现在,我们能够推导出未来,但是不能推导出过去;因为他说过,原因只能够产生一个结果,而同一结果却可以由几个不同的原因产生。很清楚,没有一个科学家能够赞同这个结论。自然定律把前提和后件以下述方式结合在一起;前提完全由后件决定,犹如后件由前提完全决定一样。但是,这位哲学家的错误从何而来呢?我们知道,由于卡诺(Carnot)原理,物理现象是不可逆的,世界趋向于均匀。当两个不同温度的物体接触时,较热的物体便把热量传给较冷的物体;因此我们可以预见,温度将相等。可是,温度一旦相等了,如果询问先前的状态,我们能够回答什么呢?我们可以说,一个是热的,另一个是冷的,但是却无法推测先前哪一个比较热。

然而,实际上温度将永远不会达到完全相等。温度差只是渐近地趋近于零。在到达某一时刻,我们的温度计就无法测出温度差了。但是,如果我们把温度计的灵敏度提高一千倍、十万倍,我们便可以辨认出,还存在着微小的温度差,一个物体依然比另一个物体稍热一些，于是我们能够说，这个物体是先前热得多的物体。

因此，与我们在前一个例子中发现的情况相反，这里是原因上的巨大差别和结果上的微小差别。弗拉马里翁(Flammarion)曾经设想一个以大于光速的速度离开地球的观察者；在他看来，时间会改变符号。历史会倒转，滑铁卢会在奥斯德立兹①之前。好了，对于这位观察者来说，结果和原因是颠倒的；不稳平衡不再是例外。由于普适的可逆性，一切在他看来似乎都是出自处于不稳平衡中的一类混沌，整个自然界在他看来好像都交付给偶然性。

IV

现在，就其他例子而言，我们将从中看到在某种程度上不同的特征。首先以气体运动论为例。我们应该怎样描绘充满气体的容器呢？无数以高速运动的分子通过这个容器向各个方向飞驰。在每一时刻，它们都撞击器壁或相互碰撞，这些碰撞在十分不同的条件下发生着。在这里，尤其使我们印象深刻的不是原因的微小，而是它们的复杂性，先前的要素还可以在这里找到，并且起着重要的作用。如果分子从它的轨道向右或向左偏离一个十分微小的量——该量可与气体分子的作用半径相比较，那么它就可以避免碰撞或者在不同的条件下继续碰撞，它在冲撞后的速度方向会发生变化，也许改变 90°或 180°。

① 滑铁卢(Waterloo)是比利时一城镇，1815 年拿破仑(Napoléon)军队大败于此。奥斯德立兹(Austerlitz)是捷克中部一城市，拿破仑于 1805 年在此击溃俄奥联军。——中译者注

这并非一切；我们刚刚看到，为了使分子在碰撞后偏离一个有限量，就必须使它在碰触前仅仅偏斜一个无穷小量。这样一来，如果分子经受了两个相继的冲击，那么在第一次冲击前，它将足以偏斜一个二阶无穷小量，因为它在第一次遭遇后偏离一阶无穷小量，在第二次打击后，它便会偏离一个有限量。而且，分子将不止经受两次冲击；它每秒钟将经受极多次数的冲击。这样一来，如果第一次冲击使偏离增大 A 倍（A 是一个很大的数），那么在 n 次冲击后，分子将偏离 A^n 倍。因此，偏离将变得十分大，这不仅因为 A 很大——也就是说因为小原因产生大结果，而且因为指数 n 很大——也就是说因为冲击很多，原因很复杂。

再举第二个例子。为什么阵雨滴似乎是随意分布的？这又是因为决定雨滴形成的原因是复杂的。在大气中分布着离子。在一段长时间内，它们受到不断变化的气流的作用，它们被捕获在很小的旋流上，以致它们的最后分布不再与它们的初始分布有任何关系。突然，温度下降，水蒸气凝结，这些离子中的每一个都变成雨滴的核心。为了知道这些雨滴将如何分布，为了知道多少雨滴将落在每一块铺路石上，只了解离子的初始状态是不够的，还必须计算无数变幻莫测的小气流的影响。

如果我们使小尘粒在水中悬浮起来，那么情况再次是相同的。水流在瓶中激起波纹，我们不知道水流的规律，我们只知道它是很复杂的。在某一时间之后，小尘粒将随意地、也可以说是均匀地分布在瓶中；这恰恰是由于这些水流的复杂性。如果小尘粒服从某一简单的定律，例如若瓶子旋转，绕瓶轴转动的水流描绘出圆圈，那么情况就不再相同了，因为每一个小尘粒都会保持它的初始高度和距轴的初始距离。

考虑两种液体的混合物或两种精细尘粒的混合物，我们也会达到同样的结果。举一个比较世俗的例子吧，这也发生在我们洗扑克牌的时候。每洗一次牌，牌就经受了一次置换（类似于在代换论中研究的情况）。将发生什么呢？特定置换（例如，一个牌在置换前处在第 $\phi(n)$ 个位置，在置换后被放到第 n 个位置）的概率取决于打牌人的习惯。可是，如果这个打牌人洗牌的时间足够长，那将存在许多相继的置换，最终的次序将不再受其他东西支配，而是受偶然性支配；我的意思是说，所有可能的次序将同样是概然的。这个结果正是由于大量的相继置换，也可以说正是由于现象的复杂性。

最后谈谈误差理论。在这里，恰恰在于原因是复杂的和多重的。即使用最好的仪器，观察者面临的陷阱还不知有多少！他应该全力找出最大的陷阱，并避开它们。这些陷阱是产生系统误差的陷阱。但是，当他消除这些陷阱并承认他取得成功时，依然还存在着许多小陷阱，它们的影响积累起来也可能造成危险。偶然误差即由此而来；我们把它们归因于偶然性，因为它们的原因太复杂了、太众多了。在这里，我们再次只有微小的原因，但它们每一个只可能产生微小的结果；正由于它们的联合和它们的数目，它们的结果才变得难以对付。

V

我还可以列举第三种观点，它没有头两种观点重要，我不打算强调它。当我们试图预见一个事件并审查它的前提时，我们要努力调查先前的状况。这不可能适合于宇宙的所有部分，我们满足于知道，什么正在事件应该出现的点的邻域发生，或者什么好像与该事件有某种关系。审查不会是完备的，我们必须知道如何去选择。但是，也可能发生下述情况：我们忽略了这样一些情况，这些情况乍看起来似乎完全是在我们预见之外发生的，人们从来也没有梦想到把任何影响归咎于它，不过与我们的所有预期相反，它最终却起着重要的作用。

一个人经过大街去做生意；了解行情的某人能够讲出，他为什么在这个时刻出发，为什么沿着这条大街行走。砖瓦匠在屋顶上干活。雇用他的包工头在某种程度上可以预见他会做什么。但是，过路人不会想到砖瓦匠，砖瓦匠也不会想到他；他们似乎属于相互之间毫不相干的两个世界。可是，砖瓦匠一不小心把瓦片掉下去了，砸死了那位过路人，我们毫不迟疑地说，这是偶然的。

我们的软弱妨碍我们思考整个宇宙，促使我们把它分为各个部分。我们在试图做这项工作时，尽可能地使人为成分少一些。可是，时时会发生这些部分中的两个相互作用的情况。于是，在我们看来，这种相互作用的结果似乎是出于偶然性。

这是设想偶然性的第三种方式吗？并非总是；事实上，我们最为经常回想起的还是第一种和第二种。这样两个通常彼此毫不相干的世界无论何时如此发生相互作用，这种反作用的定律必然是十分复杂的。另一方面，这两个世界在初始条件上的极微小的改变都足以使它们不发生反作用。要是过路人迟一秒钟通过，或者砖瓦匠早一秒钟掉下瓦片，只需要作多么小的改变啊。

VI

我们所说的一切还没有说明偶然性为什么服从规律。不管原因是微不足道的还是相当复杂的，即使我们不足以预见它们**在每一个案例中**的结果，至少我们可以**平均地**预见它们的结果，这个事实会发生吗？为了回答这个问题，我们再次比较详细地研究一下已经引用过的几个例子。

我愿以轮盘赌的例子开始。我说过，指针将要停下来的地点取决于我们给予它的初始推力。具有某一值的这个推力的概率是多少？对此我一无所知，但是我不难假定，这个概率可用连续解析函数来表示。于是，推力包含在 a 和 $a+\varepsilon$ 的概率显然等于推力包含在 $a+\varepsilon$ 和 $a+2\varepsilon$ 之间的概率，**倘若 ε 很小的话**。这是所有解析函数的共同性质。函数的微小变化与变量的微小变化成比例。

但是，我们已经假定，推力极其微小的变化足以改变指针最后停留的扇形的颜色。从 a 到 $a+\varepsilon$ 扇形是红的，从 $a+\varepsilon$ 到 $a+2\varepsilon$ 扇形是黑的；因此，每一个红扇形的概率与下一个黑扇形的概率相同，从而红的总概率等于黑的总概率。

问题的已知件是表示特定初始推力的概率的解析函数。可是，不管这个已知件是什么，该定理依然为真，由于它取决于所有解析函数的共同性质。由此可以最终得出，我们不再需要这个已知件。

我们刚才就轮盘赌的案例所说的一切也适用于小行星的例子。黄道带可以被看做是一个庞大的轮盘，许多小球以按某种定律变化的各种初始冲量在轮盘上动荡不定。由于与前例相同的理由，它们的目前分布是均匀的且与这个定律无关。于是我们看到，当原因上的微小差别足以引起结果上的巨大差别时，现象为什么服从偶然性定律。因此，这些微小差别的概率之所以可以看做是与这些差别本身成比例，正因为这些差别是很小的，以及连续函数的无穷小增量与变量的增量成比例。

举一个完全不同的例子，在这里特别插入了原因的复杂性。设一个打牌人洗一堆扑克牌。每洗一次，他都改变了牌的次序，他可以用各种方式改变它们。为了简化说明，让我们只考虑三张牌。在洗牌前，它们占据的位置分别是 123，在洗牌后它们可能占据的位置是

123，231，312，321，132，213。

这六个假定中的每一个都是可能的，它们分别具有的概率是

$$p_1, p_2, p_3, p_4, p_5, p_6。$$

这六个数之和等于 1；而这就是我们关于它们所知道的一切；这六个概率自然取决于打牌人的习惯，我们不知道他的习惯。

在第二次洗牌和随后的洗牌中，将在相同的条件下重复这一过程；我的意思是，例如 p_4 总是表示三张牌在第 n 次洗牌后和在第 $n+1$ 次洗牌前占据位置 123、而在第 $n+1$ 次洗牌后占据位置 321 的概率。不管数 n 是多少，这依然为真，由于打牌人的习惯和他的洗牌方式仍旧相同。

但是，如果洗牌的次数很多，那么在第一次洗牌前占据位置 123 的牌，在最后一次洗牌后可能占据位置

123，231，312，321，132，213，

这六个假定的概率显然将是相同的，都等于 1/6；不管我们不知道的数 $p_1 \cdots\cdots p_6$ 是什么，这都为真。洗牌的极多次数，也就是说原因的复杂性，却产生了均匀性。

如果多于三张牌，这也可以不加改变地应用，不过即便用三张牌，证明也相当复杂；我们只针对两张牌给出证明也就足够了。这样一来，我们只有两种可能性 12，21，其概率是 p_1 和 $p_2 = 1 - p_1$。

设 n 是洗牌的次数，并且假定，若牌最后按原来的次序则我赢，若牌最后次序颠倒则我输。于是，我的数学期望将是 $(p_1 - p_2)^n$。

$p_1 - p_2$ 之差肯定小于 1；这样一来，如果 n 很大，我的数学期望将是零；为了意识到游戏是公平的，我不需要知道 p_1 和 p_2。

如果数 p_1 和 p_2 之一等于 1，而另一个等于零，那就总是有例外。**这时，它就不能适用了，因为我们的初始假定太简单了**。

我们刚才所看到的东西不仅适用于牌的混合，而且也适用于一切混合，例如粉尘的混合物和液体的混合物；即使对于气体运动论中的气体分子的混合物也同样适用。

回到这个理论上来吧，设在某一时刻气体分子不能相互碰撞，但由于它们冲撞盛装气体的瓶子的内侧，它们却可以偏斜。如果瓶子的形状足够复杂，分子的分布和速度的分布不要太长时间就变均匀了。但是，如果瓶子是球形的或者它具有立方体的形状，情况就不是如此了。为什么？因为在第一种情况下，球心距任何轨道的距离将总是不变的；在第二种情况下，每一个轨道与立方体面的夹角的绝对值也是不变的。

这样，我们看到，所谓**太简单的**条件意味着什么；它们是保持某些东西、容许不变量依然存在的条件。是该问题的微分方程太简单,以致我们不能应用偶然性定律吗?这个问题起初看来似乎缺乏精确的意义;现在我们知道,它意味着什么。如果它们保持某些东西,如果它们容许一致积分,它们就太简单。如果初始条件中的某些东西依然不变,那么很清楚,最后的解就不再能够与初始状态无关。

我们最终达到了误差理论。我们不知道偶然误差由什么引起,而且正因为我们不知道,我们才意识到它们服从高斯定律。悖论就是这样的。说明几乎与前例中的相同。我们只需要知道一件事:误差是否很多,误差是否很小,每一种误差是否既有正又有负。每一种误差的概率曲线是什么?我们不知道;我们只是假定它是对称的。接着我们证明,合成误差将遵从高斯定律,这个合成定律与我们不知道的特定定律无关。在这里,结果的简单性恰恰又源于已知件的复杂性。

VII

但是,我们并没有结束悖论。我正好回想起弗拉马里翁虚构的故事,即跑得比光快的人,他的时间改变符号。我说过,在他看来,一切现象似乎都出于偶然性。从某种观点来看,这是正确的,可是所有这些现象在给定时刻不可能按照偶然性定律分布,由于分布与我们所见相同,我们看到它们是和谐地展开的,并非出自原始的混沌,我们不认为它们是受偶然性支配的。

这意味着什么呢?在弗拉马里翁的假想人物吕芒(Lumen)看

来，微小的原因似乎产生巨大的结果；对我们来说，当我们以为我们看到大结果出于小原因时，事情为什么不同样地继续进行呢？同一推理在他的情况中不适用吗？

让我们返回到这个论据上。当原因上的微小差别产生结果上的巨大差别时，这些结果为什么按照偶然性定律分布呢？假定原因上一毫米之差产生结果上的一千米之差。如果在结果相应于一千米且具有偶数编号的情况下我赢，那么我赢的概率将是1/2。为什么？因为要做到这一点，原因必须相应于具有偶数编号的一毫米。现在，按照全部外观，原因在某些界限之间变化的概率与离开这些界限的距离成比例，倘若这一距离很小的话。如果不承认这个假设，那就不再会有用连续函数表示概率的任何方法了。

现在，当大原因产生小结果时，将会发生什么情况呢？这是我们不应当把现象归之于偶然性的案例，相反地，吕芒却把它归之于偶然性。结果上的一毫米差别对应于原因上的一千米的差别。在两个相距 n 千米的界限之间包含的原因的概率还与 n 成比例吗？我们没有理由假定如此，由于这个距离即 n 千米是很大的。但是，结果处于两个相隔 n 毫米界限之间的概率将正好相同，这样一来它将不与 n 成正比，虽然这个距离即 n 毫米是很小的。因此，无法用连续曲线表示结果概率的定律。据说，在该词的**解析**意义上，这个曲线可能依然是连续的；纵坐标的无穷小变化对应于横坐标的**无穷小**变化。但是，**实际上**这个曲线不是连续的，由于纵坐标的**很小的**变化不可能对应于横坐标的很小的变化。要用普通铅笔画曲线变得不可能了；这就是我的意思。

这样一来，我们必须得出什么结论呢？吕芒没有权利说原因

（**他的**原因，我们的结果）的概率必须用连续函数来表示。但是，我们为什么有这种权利呢？正因为这种不稳平衡状态，即我们所谓的初始状态，本身只是以往长期的历史的最终结局。在这一历史进程中，复杂的原因长时间起作用：它们有助于产生要素的混合物，它们至少在小区域内倾向于使一切变均匀；它们把棱角磨圆，把小丘推平，把凹地填满。原来为它们所作的曲线不管可能多么随意和不规则，可是它们对于使曲线变规则起了如此多的作用，以致最终它们向我们提供的是连续的曲线。这就是我们可以满怀信心地假定曲线具有连续性的缘由。

对于这样的结论，吕芒不会有相同的理由。在他看来，复杂的原因似乎不可能是相等和规则的动因，相反地，这些原因只会创造出不等和差异。他会看到，一个愈来愈多变的世界从一种原始混沌中出现。他能够观察到的变化对他来说是未曾料到的和不可能预见的。在他看来，这些变化好像出于某种随意性；但是，这种随意性也许完全不同于我们的偶然性，由于它可能与所有的定律相对立，而我们的偶然性却有它的定律。所有这些方面要求冗长的解释，这也许有助于更充分地理解宇宙的不可逆性。

VIII

我们曾企图定义偶然性，现在提一个问题是适当的。就这个定义是可能的而言，这样定义的偶然性有客观性吗？

对此可以怀疑。我已经讲过十分微小的原因或十分复杂的原因。但是，对一个人来说是很小的原因对另一个人来说可能是很大的原因,而对一个人来说似乎是很复杂的原因对另一个来说似乎又是简单的。我已经部分地回答了这些问题,我明确说过,在什么案例中微分方程变得太简单,以致偶然性定律不再适用。但是,稍为比较仔细地审查一下这个问题是恰当的,因为我们还可以采用其他观点。

"很微小"这个短语意指什么呢?为了理解,我们只需要回到我们已经讲过的东西上。差别很微小,区间很小,只有在这个区间的界限内概率才依然明显不变。为什么这个概率在小区间内可以认为是不变的呢?正因为我们假定,概率定律用连续曲线来表示,它不仅在解析意义上是连续的,而且**实际上**也是连续的,正如已经说明的那样。这意味着,它不仅没有呈现出绝对的空隙,而且也没有太尖锐或太严重的凸角或凹角。

什么给我们以做这个假设的权利呢?我们已经说过,许多年代以来,总是存在着一些复杂的原因,它们以同一方式不停地作用,促使世界趋向于均匀,永远也不能逆行。这些原因一点一滴地把凸角磨光,把凹角填平,这就是我们的概率曲线现在只显示出和缓起伏的缘由。在若干亿亿年后,朝着均匀性又迈出了另一步,这些起伏将减缓十倍;我们曲线的平均曲率半径将增大十倍。由于在我们的曲线上这样的长度的弧不能被视为直线,因此像今天在我们看来似乎不是很小的长度,相反地,在那个时代都说它很小,因为那时曲率是现在的十分之一,这个长度的弧可以明显与线段相等。

因此,"很微小"这个短语依然是相对的;但是,它不是对于某某人是相对的,而是对于世界的实际状态是相对的。当世界变得更均匀时,当所有事物更充分地混合时,它将会改变它的意义。但是，到那时，人类无疑不能再生存下去了，他们必须让位于其他生物——我应当说小得多或大得多的生物吗？由于我们的标准对所有的人依然为真，因此它保持着客观的意义。

另一方面，“很复杂”这个短语又意味着什么呢？我已经给出了一种答案，但是还有其他答案。我们已经说过的复杂原因产生越来越密切的混合，但是在多长时间之后，这种混合才会使我们满意呢？何时它才能积累充分的复杂性呢？何时我们才能充分地洗好牌呢？如果我们把两种粉末——一种是蓝的，另一种是白的——混合起来，那么到某一时刻，混合物的色泽在我们看来似乎是均匀的，这是因为我们的感官能力微弱；在近视者看到色泽将是均匀的之前，对于不得不从远处凝视的远视者来说，色泽就是均匀的。而且，即使色泽在所有的眼睛看来变均匀了，我们还可以利用仪器把极限往后推。如果气体运动论是正确的，那么在气体均匀的外观下隐藏着无限的多样性，没有什么机遇使任何人永远能够分辨出这种多样性。可是，倘若我们接受古依(Gouy)关于布朗(Brown)运动的见解，显微镜难道不是就要向我们显示出某些类似的东西吗？

因此，像第一个标准一样，这个新标准也是相对的；如果它保持着客观的特征，那正是因为所有人都有大体相同的感官，他们的仪器的威力是有限的，况且他们只是例外地使用仪器。

IX

在道德科学中，特别是在历史学中，情况正好相同。历史学家被迫在他研究的时代的事件中做选择;他只描述在他看来好像是最重要的事件。因此,例如他满足于把16世纪最重大的事件联系起来,同样也把17世纪最引人注目的事实联系起来。如果前者足以说明后者,我们便说这些事实符合历史规律。但是,如果17世纪有一大事件,其原因在于16世纪的一个小事实,这个小事实没有记载,全世界都忽略了它,那么我们便说,这个大事件出于偶然。因此,这个名词与在物理科学中的意义相同;它意味着微小的原因产生巨大的结果。

最大的一点偶然性是伟大人物的诞生。两个生殖细胞的相遇,不同性别的相遇,纯粹出于偶然性,每一个在其一方都正好包含着神秘的要素,它们相互反应必定产生天才。人们将一致认为,这些要素必然很稀有,它们的相遇更为罕见。要使输送的精子从它的路线偏斜,它要求多么微不足道的事啊。只要足以使精子偏离十分之一毫米,拿破仑(Napoléon)就不会出生,欧洲大陆的命运就会改观。没有其他例子比这个例子能够更充分地使我们理解偶然性的多变特点了。

关于概率运算用于道德科学所引起的悖论,还想多说几句。有人已经证明,从来也没有哪一个下议院不容纳反对派议员,或者至少这样的事件是如此不可能,以致我们可以毫无顾忌地下相反的赌注,以100万法郎对一苏[①]打赌。

孔多桑(Conclorcet)曾力求计算,需要多少陪审员实际上才

① 苏(sou)是法国的一种低值钱币,合5生丁(Centime),而1法郎=100生丁。——中译者注

不可能犯审判错误。如果我们利用这一运算结果，即使在运算的保证下，我们肯定像在打赌反对派没有代表进入下议院时一样，面临着同样的失望。

偶然性定律不适用于这些问题。如果审判并非总是按照最充分的理由给予，那么它还不如我们想到的布里杜瓦厄(Bridoye)[①]方法。这也许令人懊悔，因为当时孔多桑体制可以使我们避免审判错误。

这有什么意义呢？我们被诱使把具有这种本性的事实归之于偶然性，因为它们的原因是模糊的；但是，这不是真实的偶然性。原因对我们来说是未知的，它们的确甚为复杂；不过，它们并非足够复杂，由于它们保存着某种东西。我们已经看到，正是这一点使"太简单的"原因显出特色。当人们汇集在一起时，他们就不再随意地、彼此独立地决断了；他们相互影响。多重原因开始起作用。它们使人们困扰，把他们向右或向左拖曳，但是有一件事是他们不能消除的，这就是他们的庞尼尔热[②]的一群绵羊的习惯。而这一点是不变的。

X

事实上，在概率计算对于精密科学的应用中也包含着困难。

---

① 依据骰子来判决的裁判官。——中译者据日译本《科学と方法》注

② 在法国作家拉伯雷(F. Rabelais，约1483—1553)的代表作《卡冈都亚和庞大固埃》(中译名《巨人传》)中，庞尼尔热(Panurge)是庞大固埃(Pantagruel)的一个机智的小淘气和同伴。"庞尼尔热的一群绵羊的习惯"也许意为"盲从的习惯"。——中译者注

为什么对数表的小数，为什么数 π 的小数都是按照偶然性定律分布呢？就对数而言，我已经在其他地方研究了这个问题，那是很容易的。十分清楚，自变数的微小差别将会引起对数的微小差别，但是在该对数的第六位小数，却会引起巨大的差别。我们总是能够再次找到同样的标准。

至于数 π，呈现出较多的困难，我此刻没有什么值得花时间可讲的东西。

还会有许多其他问题尚待解决，尽管我希望在解决我特别向自己提出的问题之前攻克它们。当我们达到一个简单的结果时，例如当我们找到一个约整数时，我们说这样的结果不会是出于偶然性，为了说明它，我们寻求非偶然发生的原因。事实上，在10 000个数中，给出一个约整数——例如10 000这个数——的机遇的概率是十分微小的。其概率仅为万分之一。但是，要使任何其他一个数出现，其概率也只是万分之一；然而，这个结果将不会使我们感到惊讶，在我们看来，不难把它归因于偶然性；这仅仅因为它将不怎么引人注目。

这是我们的简单的幻觉吗？或者，存在着这种思维方式是合理的案例吗？我们必定希望如此，否则整个科学便不可能了。当我们想检验一个假设时，我们怎么办呢？我们不能证实它的所有推论，因为这些推论在数目上是无限的；我们只能使我们自己满足于证实某些推论，如果我们成功了，我们便宣布该假设被确认了，因为如此之多的成功不可能出于偶然性。而且，从根本上说，这总是同样的推理。

在这里，我不能完满地为它辩护，由于那要花费过多的时间；

但是，我至少可以说，我们发现我们自己面对两种假设：或者是简单的原因，或者是我们称之为偶然性的复杂的原因的集合。我们发现，假定前者能够产生简单的结果是很自然的，其次，如果我们找到这个简单的结果，例如约整数，那么我们似乎更乐于把它归之于简单的原因，而不是把它归之于偶然性，简单的原因几乎肯定地给出该结果，而偶然性给出该结果仅有万分之一的可能。如果我们找到的结果不是简单的，那情况就不同了；确实，偶然性给出这个结果的可能性将不会大于万分之一；不过，产生这个结果的偶然性再也没有简单的原因了。

第 二 编

数 学 推 理

第一章　空间的相对性

I

要想像空虚空间是不可能的;我们设想把物质客体的变化图像从中排除出去的纯粹空间的一切努力,只能导致例如用浅色的线代替深色的面这样的描述,在不使一切化为乌有和不以子虚终结的情况下,我们便不能沿着他的道路走到底。空间不可简约的相对性即由此而来。

无论谁谈到绝对空间,用的都是无意义的词语。这是深思该问题的人早就宣布的真理,但是我们却过于经常地被诱使忘记它。

我处在巴黎的一个确定的地点,例如在先贤祠,我说:我明天将再来**这里**。如果有人问我:你意味着你将返回到空间的同一点吗?我将被诱导回答:是的;可是,我却错了,因为到明天,地球携带着先贤祠将由此运行了一天的路程,它要超过200万公里。假如我企图讲得更精确一些的话,也不会增加什么东西了,由于我们地球运行的这200多万公里是相对于太阳的运动,而太阳本身又相对于银河系移动,同时银河系本身无疑也处于运动之中,虽然我们不能觉察它的速度。这样一来,我们完全不知道先贤祠一天走了多少路程,而且总是无法知道。

总而言之，我的意思是说：明天我将再次看到先贤祠的圆顶和三角饰，而如果先贤祠不存在，我的话便毫无意义，空间也会消失。

这是空间相对性原理最平凡的形式之一：但是，还有另外的形式，德尔伯弗(Delbeuf)尤为坚决主张这种形式。设在某夜，宇宙的所有尺度变大了一千倍：该世界将依然**相似于**它本身，给予**相似**这个词的意义与欧几里得第 VI 卷内所讲的相同。只是一米长从那时起将度量为一公里，一毫米长将变成一米。我所睡的床和我的身体本身将按同一比例扩大了。

当我第二天早晨醒来时，面对这样一种令人惊奇的变化，我会有什么感觉呢？咳，我根本觉察不到什么。最精密的测量一点也不能向我揭示出这一巨大的灾变，因为我所用的量尺与我企图测量的对象将严格按照同一比例变化。实际上，只是对于空间仿佛是绝对的那样推理的人来说，这种灾变才是存在的。如果我暂且像他们那样推理，那么就可以比较充分地显示出他们看问题的方式隐含着矛盾。事实上，可以比较恰当地说，由于空间是相对的，根本没有发生什么情况，这就是我们什么也觉察不到的缘由。

因此，人们有权利说他知道两点之间的距离吗？没有权利这样说，由于这个距离经受了极大的变化，倘若其他距离按同一比例变化，那么我们就无法察觉它们。我们刚刚看到，当我说我明天将在这里时，这并不意味着我明天将处于我今天所在的空间的同一点，而是说明天我距先贤祠的距离与今天的相同。而且，我们看到，这种陈述不再是充分的，我应该说，明天和今天我距先贤祠的距离等于我身体高度的同一倍数。

可是，这并非问题的全部；我假定世界的尺度变化着，但至少世界依然总是相似于它本身。我们应当更进一步，现代物理学最使人惊讶的理论之一向我们提供了机会。

按照洛伦兹(Lorentz)和斐兹杰惹(Fitzgerald)的观点，所有随地球运动的物体都经受形变。

实际上，这种形变是十分微小的，由于所有平行于地球运动的尺度仅减小亿分之一，而垂直于这一运动的尺度并没有变化。不过，它微小没有什么关系，它的存在对于我正要引出的结论来说已足够了。此外，我说过它是微小的，但是实际上，我对它一无所知；我自己是顽固的幻觉的受骗者，这种幻觉使我们相信我们拥有绝对空间；我设想地球沿着它的椭圆轨道绕太阳运动，我认为它的速度是 30 公里。可是，我并不知道它的真实速度(这时，我不是意指它的绝对速度，而是它相对于以太的速度，绝对速度是没有意义的)，而且我也没有办法知道它：它也许要大 10 倍、100 倍，从而变形也将要大 100 倍、10 000倍。

我们能够证明这种形变吗？显然不能；这里有一个棱长为一米的立方体；由于地球运动，它发生了形变，平行于地球运动的棱变小了，其他棱没有变化。如果我想用米尺确切地测量它，那么我将首先测量垂直于运动的一个棱，我将发现我的标准米尺与这个棱精确相符；事实上，这两个长度无论哪一个也没有变化，因为二者都垂直于运动。然后，我希望测量其他平行于运动的棱；为了做到这一点，我移动我的米尺，并转动它使与该棱相合。但是，由于米尺改变了方向，变得平行于运动了，因而米尺本身也经受了形变，这样一来，尽管棱不是一米长，但它还是与米尺精确相符，我将一点也发现不了什么东西。

你接着问我，如果实验不容许证实洛伦兹和斐兹杰惹假设，那么这个假设有什么用处呢？我的讲解是不完备的；我只是谈到了能够用米尺进行的测量；但是，在假定光速不变和与方向无关的条件下，我们也能够用光传播一段长度所花费的时间来测量长度。洛伦兹可以通过假定在地球运动方向上的光速比在垂直方向上的光速为大，来解释这些事实。但他却宁可假定，光速在这些不同的方向上是相同的，而物体在一个方向比在另一个方向较小。假如光的波面像实物物体那样经受相同的形变，那么我们永远也察觉不到洛伦兹-斐兹杰惹收缩。

无论在哪一种情况下，都不是绝对数量的问题，而是借助某种手段测量这一数量的问题；这种手段可以是米尺，或者是光传播的路程；我们测量的只不过是该数量与测量手段的关系；如果这个关系改变了，我们便无法知道，究竟是这一数量变了呢，还是测量手段变了呢。

但是，我希望阐明的是，在这种形变中，世界并不与它本身相似；正方形变成长方形，圆变成椭圆，球变成椭球。可是，我们还是无法知道，这种形变是否是真实的。

显而易见，我们可以更进一步：我们可以设想无论什么样的形变，以代替其规律特别简单的洛伦兹-斐兹杰惹形变。物体可以按照我们所希望的任何复杂的规律变形，倘若一切物体都毫无例外地按照同一规律变形，我们便永远不会觉察到这些变形。在说一切物体都毫无例外时，我当然包括我自身以及从不同物体发出的光线。

如果我们观察一个具有复杂形状的镜中的世界，这个镜子以千奇百怪的方式使对象发生形变，但是这个世界各个部分的相互关系不会改变；事实上，如果两个真实的对象接触，它们的影像看起来同样是接触在一起的。当然，当我们观看这个镜中的世界时，我们的确看到它发生了形变，但是这正是因为实在的世界继续在它的变形了的影像旁边存在着；即使这个实在的世界对我们隐而不现，但总会有某些事物无法隐藏，我们自身就是这样；我们没有停止观看，至少没有停止感觉，我们的身体和四肢没有变形，它们继续作为测量手段为我们所用。

但是，如果我们设想，我们身体本身像我们在镜中看到的对象一样按同一方式变形了，那么这些测量手段本身将会使我们失望，形变就再也不能查明了。

用同一方式考虑两个互为影像的世界；对于 A 世界的每一个对象 P，在 B 世界中都有一个物体 P' 作为它的影像与之对应；这个影像 P' 的坐标由对象 P 的坐标的函数决定；而且，这些函数可以是无论什么东西；我只假定它们一劳永逸地选定了。在 P 的位置和 P' 的位置之间，存在着恒定的关系；至于这种关系是什么，则无关紧要；尽管它是恒定的。

好了，这两个世界相互之间将是无法区分的。我的意思是，第一个世界对于它的居民来说与第二个世界对于它的居民来说相同。只要这两个世界彼此之间依然是陌生的，情况就将如此。设我们生活在世界 A，我们将构造我们的科学，尤其是我们的几何学；在这个时候，世界 B 的居民也将构造科学，因为他们的世界是我们的世界的影像，他们的几何学也将是我们的几何学的影像，或者更确切地讲，它将是相同的。但是，在我们看来，如果有一天窗

户向世界 B 打开了，我们将多么怜悯他们，我们将说："可怜的家伙，他们自以为他们创造了几何学，可是他们这样称呼的几何学只是我们的几何学的奇形怪状的影像；他们的直线全都弯弯曲曲，他们的圆歪歪扭扭，他们的球凹凸不平。"我们将从来也不怀疑，他们说与我们相同的话，人们永远也无法知道谁是正确的。

我们看到，应该在多么广泛的意义上来理解空间的相对性；空间实际上是无定形的，唯有处于其中的物才给它一种形式。那么，应该如何想像我们对于直线或距离所具有的直接的直觉呢？我们对于距离本身没有什么直觉，正如我们所说的，以致在夜晚，距离变大了一千倍，倘若其他距离也经受了同样的变化，我们便无法觉察它。即使在夜晚世界 B 代替了世界 A，我们也没有任何办法知道它，此外昨天的直线已不是直线了，我们永远也不会注意到。

空间的一部分并不自然而然地且在该词的绝对意义上与空间的另一部分相等；因为即便它对我们来说如此，但对世界 B 的居民来说却不相等；这些居民有权利排斥我们的观点，正如我们有那么多的权利抛弃他们的观点一样。

我已在其他地方表明，从我们可以形成非欧几何学和其他类似的几何学的见解的观点来看，这些事实的推论是什么；我不愿再回到这个问题上；现在我将采取稍微不同的观点。

II

如果距离、方向、直线这种直觉——简言之，空间的这种直接的直觉——不存在，那么我们关于它所具有的信念从何而来呢？

如果这只不过是一种幻觉，那么这种幻觉为什么如此牢固呢？考察一下这些问题是恰当的。我们说过，不存在关于大小的直接的直觉，我们只能够达到这一数量和我们的测量工具的关系。因此，如果我们没有测量空间的工具，我们便不能构造空间；好了，我们自己的身体就是这样的工具，我们把每一种事物与它关联起来，我们本能地利用它。我们判定外部对象的位置，就与我们的身体有关，我们能够描述的这些对象的唯一空间关系，是它们与我们身体的关系。可以说，正是我们的身体，作为坐标系为我们服务。

例如，在时刻 α，视觉向我揭示出对象 A 的存在；在时刻 β，另一种感官，例如听觉或触觉，向我揭示出另一个对象 B 的存在。我判断，对象 B 与对象 A 占据同一地点。这意味着什么呢？首先，这并不意指这两个对象在两个不同的时刻占据绝对空间的同一点，即使这个点存在，我们也无从辨认，因为在时刻 α 和 β 之间，太阳系运动了，我们不能知道它的位移。这意味着，这两个对象相对于我们的身体占据同一相对位置。

可是，即使如此，那又意味着什么呢？我们从这些对象获得的印象遵循着完全不同的途径，就对象 A 而言是视觉神经，就对象 B 而言是听觉神经。从定性的观点来看，它们毫无共同之处。对于这两个对象，我们能够做出的表象是绝对异质的、彼此不可还原的。我仅仅知道，要达到对象 A，我只要以某种方式伸开我的右臂；即使我放弃做这一动作，我也想像得出伴随右臂伸开的肌肉感觉和其他类似的感觉，这种表象使人联想到对象 A 的表象。

现在，我同样知道，我能以相同的方式伸开我的右臂达到对象 B，右臂伸开伴随着同一系列的肌肉感觉。当我说这两个对象占据同一地点时,我的意思无非是上面讲过的东西。

我也知道,通过我的左臂的适当运动,我能够达到对象 A,我想像伴随这一动作的肌肉感觉;通过被相同感觉伴随的左臂的同样的运动,我也能够达到对象 B。

这是十分重要的,由于由此我能够防止对象 A 或对象 B 施加给我的危险。对于我们能够遭受到的每一次打击,自然界都能使我们联想到一种或多种防御办法,从而使我们自己免受伤害。同一防御办法可以应付多种打击;情况确是如此,例如右臂的同一运动可以容许我们在时刻 α 抵御对象 A,在时刻 β 抵御对象 B。正是这样,同一打击能够用几种方式防御,例如我们说过,或者通过右臂的某种动作,或者通过左臂的某种动作,一般地都能够达到对象 A。

除了避开同一打击外,所有这些防御办法毫无共同之处,当我们说它们是终止于空间同一点的动作时,意指的就是这一事实,而不是其他什么东西。正是如此,我们所说的占据空间同一点的这些对象,除了同一防御办法防止它们之外,它们并没有共同之处。

或者,如果你愿意的话,可以设想无数的电报线,一些是向心的,另一些是离心的。向心线向我们告知外部发生的偶然事件,离心线传送答复。关联是这样建立的:当向心线通过电流时,这便作用于中转站,这样在离心线的中转站上电流开始通过;事情是这样安排的:若同一补救办法适于排除几种毛病的话,则几个向心线可以作用于同一离心线,当同一毛病可以用多种补救办法消除时,则一个向心线可以同时地或一个替代另一个地鼓动不同的离心线。

可以说,我们的整个几何学,或者如果你乐意的话,我们几何学中一切本能的东西，正是这一复杂的联想系统，正是这种分配系统表。我们所谓的我们对于直线或距离的直觉，就是我们对这些联想及其紧要特征的意识。

很容易理解，这一紧要特征本身从何而来。在我们看来，联想愈久远，似乎愈加不可破坏。但是，这些联想就其大部分而言，并不是个人的获得物，由于它们的痕迹在新生儿身上好像就存在着：它们是种族的获得物。这些获得物越是必要，自然选择就越迅速地导致之。

为此缘故，我们所说的获得物必定在年代上是最早的，因为没有它们，生物体的防御便是不可能的。自从细胞不再仅仅是并置，而被要求相互帮助以来，就需要组织类似于我们所描述的机制，以便这种帮助不偏离它的道路，而且能防止危险。

把一只蛙切去头，给它皮肤的一点滴一滴酸，这时它力图用最近的脚揩掉酸滴，如果再切断这只脚，它就用对面的脚揩酸滴。在这里，我们有我刚才说过的双重防御办法，如果第一种办法行不通，容许用第二种补救办法应付灾祸。空间正是这种多重防御办法和作为结果发生的协调。

我们看到，为了寻找这些空间联想的最早痕迹，我们必须深入到无意识的什么深度，因为此处所及的只包含神经系统的低等部分。可是，把如此久远联想起来的东西加以分离的每一个尝试，都会遭到我们的反对，对这种阻力为什么感到惊讶呢？现在，正是这种阻力，才是我们所谓的几何学真理的证据；这一证据只不过表明，我们对破除十分古老的习惯极为反感，我们总是证明这些习惯是有益的。

III

这样生成的空间只不过是小空间而已，它不能扩展到比我的臂所能达到的更远的地方；这了扩大空间的界限，必须要有记忆参与。无论我做出多大努力，把我的手伸向远方，总有一些点在我所能达到的范围之外；假使我像水螅属水螅体一样束缚在水底，只能伸开触须，那么所有这些点总是在空间之外，因为我们从处于那里的物体的作用中可以经受的感觉，与容许我们到达它们的动作的观念没有联系，与适当的防御办法也没有联系。在我们看来，这些感觉似乎不可能有任何空间特征，我们不应该企图定域它们。

但是，我们并不像低等动物那样固定在水底；如果敌人离我们太远，我们能够首先接近他，当我们距他足够近时，我们能够伸出手。这还是一种防御办法，但却是一种远距离的防御办法。另一方面，它是复杂的防御办法，腿的动作所引起的肌肉感觉的表象、臂的最后动作所引起的肌肉感觉的表象、半规管的感觉的表象等等，都进入到我们由其所形成的表象中。此外，我们没有必要想像同时的感觉的复杂性，可是必须想像按确实的次序相互跟随的连续感觉的复杂性，这就是我刚才说必须要有记忆参与的原因。而且要注意，为了到达同一点，我可以更接近能够达到的目标，以便不怎么伸臂就能得到。还要注意什么呢？我能够对抗同一危险的防御办法不是一种，而是一千种。所有这些防御办法都是由可以没有共同之处的感觉构成，可是我们认为它们确定了空间的同一点，因为它们可以对同一危险做出反应，而且都与这种危险的概念有联系。正是这种避开同一打击的潜力，促成了这些不同防御办法的联合，正如用同一方式防御的可能性，促成了在类型上如此不同的打击的联合，这些打击可以从空间的同一点危及我们。这种双重的联合造成了空间每一点的独立存在，在点的概念方面再也没有其他东西了。

前面所考虑的空间，可以称之为**局部空间**，它是参照于与我们身体相联系的坐标轴的；这些坐标轴是固定的，由于我的身体不动，只是我的身体的某些部位移动。我们自然而然地使**广延空间**参照的坐标轴是什么呢？所谓广延空间，说的是我刚才定义的新空间。从我的身体的某一初始位置开始，通过要达到它所做的一系列动作，我定义了点。因此，坐标轴固定在身体的这一初始位置。

但是，我所谓的初始位置可以在我的身体相继占据的所有位置中任意选取；如果关于这些相继位置的或多或少无意识的记忆对于空间概念的产生是必要的，那么这种记忆就可以或多或少地追溯到过去。由此导致了空间定义本身的某种非决定性，这种非决定性恰恰构成了它的相对性。

不存在绝对空间，只存在相对于身体某一初始位置的空间。对于像低等动物那样的固定于水底的有意识的生物来说，由于它只知道局部空间，则空间更是相对的（由于空间只可能和它的身体有关），但是这种生物不会意识到这种相对性，因为关于这种局部空间的相关轴是不变的！毫无疑问，束缚这种生物的岩石不会是不动的，由于它随着我们的行星一起运动；因此，在我们看来，这些轴每时每刻都在变化；但是对它来说，它们则是不变的。我们具有一种现在可以把我们的广延空间归诸我们身体的位置 A 的官能并认为 A 是初始位置，在此后某些时刻，我们又把我们的广延空间归诸位置 B，我们可以反过来自由地把 B 看做是初始位置；因此，我们在每一时刻都进行无意识的坐标变换。我们设想的生物却缺乏这种官能，由于它不动，它会认为空间是绝对的。在每一时刻，它的坐标系强加于它；这个坐标系实际上大大改变了，但是在它看来总是相同的，因为这总是**唯一的**坐标系。对我们来说，则完全是另一种样子，在记忆可以或多或少地追溯过去的条件下，在我们可以随意选取的坐标系中间，我们每一时刻都有许多坐标系。

这并非一切；局部空间不是均匀的；这个空间的不同点不能认为是等价的，由于一些点只有花费最大的努力才能到达，而另一些点则容易达到。相反地，我们的广延空间在我们看来似乎是均匀的，我们说它的所有点是等价的。这意味着什么呢？

如果我们从某一平面 A 开始，那么我们能够从这个位置做出某些动作 M，M 的特征是由肌肉感觉的某种复杂性刻画的。但是，从另一个位置 B 开始，我们做出用相同的肌肉感觉刻画的动作 M'。接着，设 a 是身体某一点的地点，例如右手食指尖，它处于初始位置 A，设 b 是当我们从位置 A 出发并做出运动 M 时的同一食指的地点。此后，设 a' 是这个食指在位置 B 的地点，b' 是当我们从位置 B 出发并做出运动 M' 的地点。

好了，我们习惯于说，空间的点 a 和 b 相互关联，正如点 a' 和 b' 一样，这仅仅意味着，动作 M 和 M' 的两个系列是由相同的肌肉感觉伴随的。因为我意识到，在从位置 A 到位置 B 时，我的身体依然能够做相同的动作，我知道存在着与点 a' 相关的一个空间点，正如任何一点 b 与点 a 相关一样，以至于两个点 a 和 a' 是等价的。这就是所谓的空间的均匀性。同时，这也是空间是相对的原因，由于不管空间是参照轴 A 而言还是参照轴 B 而言，它的特性依然是相同的。这样一来，空间的相对性和它的均匀性就是一种唯一的和相同的东西。

现在，如果我希望讨论大空间——这种大空间不再仅仅对我适用，而且我可以把宇宙纳入其中——那么我通过想像作用便可以得到。我想像一个巨人如何会觉得他几步就可以到达行星；或者，如果你乐意的话，再想像存在一个微小的世界，其中这些行星被小球代替，而小人国的矮人——我认为我自己也是矮人——在这些小球之一上运动，那么我本人会有何种感觉。但是，如果我预先没有构造我的局部空间和广延空间供我自己使用，那么这种想像作用对我来说恐怕是不可能的。

IV

现在，为什么所有这些空间都有三维呢？回到我们说过的“分配系统表”去吧。一方面，我们有各种可能的危险的一览表，我们用 $A1$，$A2$ 等表示它们；另一方面，我们有各种防御办法的一览表，我将以同样的方式称其为 $B1$，$B2$ 等。于是，在第一个一览表和第二个一览表的接触螺栓或推动按钮之间，我们具有连接物，这样一来，例如当危险 $A3$ 的报告者告警时，它将使或者可以使相应于防御办法 $B4$ 的继动器起作用。

当我在上面讲向心线和离心线，我唯恐人们误会我的意思，不把这一切看做是简单的比喻，而看做是对于神经系统的描述。这样看并不是我的思想，其理由有以下几点：首先，我不会容许我自己提出关于神经系统构造的观点，因为我不了解它，即使研究它的人讲话也很谨慎；其次，除了我的无能外，因为我完全知道，这个方案太简单化了；最后，因为在我的防御办法一览表中，一些办法描绘得十分复杂，正如我们在上面看到的，即使在广延空间的案例中，它们也是由臂的多步相继动作组成的。因此，这不是两个真实导体之间的物理连接问题，而是两个感觉系列之间的心理联系问题。

例如，如果 $A1$ 和 $A2$ 与防御办法 $B1$ 关联，如果 $A1$ 同样地与防御办法 $B2$ 关联，那么 $A2$ 和 $B2$ 本身一般地也将发生关联。如果这个基本定律一般说来并不为真，那么只可能存在极大的混乱，就不会有类似于空间概念或几何学的东西。事实上，我们怎样定义空间的点呢？我们是用两种方式定义它的；一方面，它是与同一防御办法 B 关联的报告者 A 的集合；另一方面，它是与同一报告者 A 关联的防御办法 B 的集合。如果我们的定律不为真，我们可以说 $A1$ 和 $A2$ 对应于同一点，因为它们二者与 $B1$ 相关；但是，我们同样能够说它们与同一点并不相关，因为 $A1$ 可与 $B2$ 相关，但相同的情形对 $A2$ 来说却不会为真。这也许是一个矛盾。

然而，从另一方面看，如果定律严格地而且总是为真，空间便完全不同于它本来的那个样子。我们应有强烈对照的范畴，其中一方面分配给报告者 A，另一方面分配给防御办法 B；这些范畴极多，但它们总是彼此完全分开的。空间也许是由很多的、但却分立的点组成的；它可能是**不连续的**。没有理由认为这些点是按一种秩序而不是按另一种秩序排列的，因此也没有理由赋予空间以三维。

但是，情况并非如此；请允许我暂且概述一下已经通晓几何学的人的语言；这是十分恰当的，因为这是那些人最容易理解的语言，我希望使我也能理解。

当我期望防御打击时，我企图达到这一打击所来自之点，但是只要我接近得很近就足够了。于是，如果对应于 $B1$ 的点距对应于 $A1$ 和对应于 $A2$ 的点足够近的话，那么防御办法 $B1$ 就可以对付 $A1$ 和 $A2$。但是，也可能发生下述情况：对应于另一个防御办法 $B2$ 的点可以充分地接近对应于 $A1$ 的点，而不充分地接近对应于 $A2$ 的点；以致防御办法 $B2$ 可以应付 $A1$ 而不能应付 $A2$。对于还不了解几何学的人来说，这只不过是用上面所陈述的定律背离地翻译它自己。于是，事情将这样发生：

两个防御办法 $B1$ 和 $B2$ 与同一警报 $A1$ 关联，并且与大量的其他警报关联，我们将按 $A1$ 那样的范畴来排列它们，并使它们对应于空间的同一点。但是，我们可以找到警报 $A2$，它将与 $B2$ 关联而不与 $B1$ 关联，而由于补偿它将与 $B3$ 关联，但 $B3$ 却不与 $A1$ 关联，如此等等，于是我们可以写出系列

$$B1, A1, B2, A2, B3, A3, B4, A4,$$

其中每一项都与后一项和前一项关联，而不与远离的几项关联。

无须多言，这些系列的每一项都不是孤立的，而形成其他警报或其他防御办法的大量范围的一部分，这些警报或防御办法与每一项具有相同的联系，可以认为它们属于空间的同一点。

因此，尽管容许有例外，但是基本定律依然几乎总是为真。由于这些例外，唯有这些范畴不是完全孤立的，而是部分地相互侵犯，在某种程度上彼此渗透，以致空间变为连续的。

另一方面，这些范畴的排列秩序不再是任意的，如果我们提及前面的系列，我们看到，必须把 $B2$ 放在 $A1$ 和 $A2$ 之间，从而也就放在 $B1$ 和 $B3$ 之间，例如我们不能把它放在 $B3$ 和 $B4$ 之间。

因此，存在着一个秩序，我们按照这一秩序自然地排列我们的对应于空间点的范畴，经验告诉我们，这个秩序以三重登记表的形式呈现在眼前，这就是空间有三维的原因。

V

这样一来，空间的特性，即具有三维的特性，仅仅是我们的分配系统表的特性，也可以说是人类理智的内在特性。给出不同的分配系统表，就足够破坏这些关联中的某几个，即是说破坏了某几个观念联想，这可能足以使空间获得第四维。

一些人会为这样的结果而感到惊讶。他们将认为，外部世界竟然毫无价值。如果维数出自造化我们的方式，那么可能有会思维的生物，它们虽则生活在我们的世界上，但造化的方式与我们不同，它们也许认为空间多于三维或少于三维。德・西翁(de Cyon)先生不是说过，日本鼠只有两对半规管，而以为空间是两维的吗？因此，假使这个会思维的生物能够构造物理学，它难道不会创造出二维或四维的物理学吗？这种物理学在某种意义上依然与我们的物理学相同，因为它是用另一种语言描述同一世界。

事实上，把我们的物理学翻译为四维几何学的语言似乎是可能的；要试图进行这种翻译，可能会力倍功半，我将限于引证赫兹(Hertz)的力学，在那里我们具有某些类似的东西。不管怎样，译文似乎总是比原文复杂，而且似乎总是具有译文的语调，三维语言好像更适合于描述我们的世界，虽则这一描述能够严格地用另一种习语做出。此外，我们的分配系统表并不是随意做出的。在警报 $A1$ 和防御办法 $B1$ 之间存在着关联；这是我们理智的内在特性；但是，这种关联为什么会发生呢？正因为防御办法 $B1$ 提供了手段，可以有效地防范危险 $A1$；这是在我们之外的事实，这是外部世界的特性。因此，我们的分配系统表仅仅是外部事实集合的翻译；如果它有三维，这是因为它本身适合于具有某些特性的世界；其中主要的特性是存在着天然固体，它们的位移明显地遵循我们所谓的刚体运动定律。因此，如果三维空间的语言容许我们最容易地描述我们的世界，那么我们就不应当感到惊讶；这种语言是从我们的分配系统表复制的；这个表之所以建立起来，正是为了能够生活在这个世界上。

我已经说过，我们可以设想生活在我们世界上的会思维的生物，它们的分配系统表可以是四维的，从而能够在多维空间思维。但是，不能肯定，让这样的生物在那里诞生，它们是否能够在那里生存，他们本身是否能抵御他们可能遭受到的许多危险。

VI

最后，还有几点评论。在可以还原为我所谓的分配系统表的这种原始几何学的粗糙性和几何学家的几何学的无限精确性之间，存在着引人注目的对照。可是，后者却诞生于前者；但并非唯一地诞生于前者；由于我们构造数学概念的官能，例如构造群的官能，必然会使它多产；在纯粹概念中，需要寻找哪一个概念自身最适合于这种粗糙的空间，我已试图说明了该空间的起源，它对于我们和高等动物来说是共同的。

我们曾经说过，某些几何学公设的证据仅仅在于我们对抛弃十分古老的习惯十分反感。但是，这些公设是无限精确的，而这些习惯就其本身而言本质上却具有某种柔顺性。当我们希望思考时，我们需要无限精确的前提，由于这是避免矛盾的唯一方式；但是，在所有可能的公设系统中，存在着一些我们不喜欢选取的系统，因为它们不能充分地与我们的习惯一致；这些系统不管可能多么柔顺、多么灵活，但它们却有一个弹性限度。

我们看到，即使几何学不是经验科学，但是这门科学的诞生却是与经验有关的；我们创造了它所研究的空间，但是必须使它适应于我们生活于其中的世界。我们选择了最方便的空间，但经验指导我们的选择；鉴于这种选择是无意识的，我们认为它被强加于我们；一些人说经验把它强加于我们，另一些人说我们是与预先创造好了的空间一起诞生的；从前面的考虑中我们看到，在这两种观点中，真理部分是什么，谬误部分是什么。

在这种其结果是空间构成的渐进训练中，很难确定什么是个体成分，什么是种族成分。例如把我们之中的一个人从出生时起就运送到截然不同的世界，在那里占优势的物体都按照非欧固体的运动规律运动，那么他能在多大程度上抛弃祖传的空间而建立全新的空间呢?

实际上,种族成分似乎占压倒优势;可是,如果我们把粗糙的空间、我所说过的柔顺的空间、高等动物的空间归之于种族成分,那么我们不是要把几何学家的无限精确的空间归因于个人的无意识的经验吗?这是一个不易解决的问题。不过,我可以引证一个事实表明,我们祖先遗赠给我们的空间依然保持着某种可塑性。虽然由于折射水下的鱼的影像出现在上部,但是一些猎人却学会射鱼技术。而且,他们是本能地做到这一点的:他们因此学会了修正他们旧有的方向本能;或者,如果你乐意的话,也可以说他们学会用另一个联想 $A1,B2$ 代替联想 $A1,B1$,因为经验向他们表明后者不会有什么结果。

第二章　数学定义和教学

1. 在这里我要谈谈数学中的一般定义；至少这是本章的标题，但是像行为统一规则所要求的那样把我严格限制在这个题目中，将是不可能的；在不涉及其他几个有关问题的情况下，我将无法论述它，因此，如果我不得不在花坛的边界时时左右漫步的话，我请求你们宽恕我。

什么是好定义呢？对哲学家或科学家来说，它是适用于且仅仅适用于所定义的对象的定义；它是满足逻辑规则的定义。但是，在教学中，情况并非如此；好定义是能被学生理解的定义。

如此之多的人不愿理解数学，这种情况是怎么发生的呢？这难道不是某种悖论吗？嗨，你瞧！科学仅求助于基本的逻辑原则，例如矛盾律，矛盾律可以说是我们理智的骨架，只要我们不停止思维，我们自己就不能抛开它，而有人却发觉它是模糊不清的！他们甚至还占大多数！他们没有发明的能力尚可谅解，但是他们竟不理解向他们表明的论证，当我们向他们展现在我们看来是十分闪亮的火焰时，他们竟视而不见，这是多么奇怪的事呀。

可是，不需要广泛的考察经验，就能知道这些盲人绝不是例外的人。这是一个不容易解决的问题，但是它应当引起所有希望献身于教学的人的注意。

所谓理解，意味着什么呢？这个词对于所有世人具有相同的意义吗？相继审查组成定理证明的每一个演绎推理，弄清它的正确性、它与游戏规则的一致性，这就是理解一个定理的证明吗？同样地，为了理解一个定义，这仅仅是辨认人们已经知道的所使用的全部词的意义并弄清它不隐含矛盾吗？

对于一些人来说，情况就是这样；当他们这样做了，他们将说：我理解了。

对于大多数人来说，情况并非如此。几乎所有的人都更为苛求；他们希望了解的不仅是证明的所有演绎推理是否正确，而且是它们为什么以这种秩序而不以另外的秩序联系起来。对他们来说，它们似乎是由任性产生的，而不是由总是意识到所达目标的理智产生的，他们不认为他们理解了。

无疑地，他们本身恰恰没有意识到他们渴望的东西，他们不能系统地阐述他们的欲望，但是，如果他们得不到满足，那么他们便会模糊地感觉到缺乏某些东西。于是，会发生什么情况呢？一开始，他们还觉察到人们摆在他们眼前的论证；但是，当这些论证仅仅是用过分纤弱的线索与处于其前和处于其后的论证关联在一起时，他们在自己的头脑里不会留下任何痕迹；他们不久便遗忘了；他们很快使一瞬间的亮光消失在永恒的暗夜中。当他们继续前进时，他们甚至再也看不到这一短暂的光亮了，因为定理是相互依赖的，他们所需要的定理被忘记了；因此，他们变得不可能理解数学了。

这并非总是他们的老师的过错；他们的心智需要察觉指导线索，但往往太迟钝了，以致找不到和查不出这个线索。但是，要帮助他们，我们首先必须了解，是什么东西正好妨碍了他们。

其他人总是询问，这有什么用处；如果他们在实践中或自然界中找不到它们，他们将不能理解如此这般的数学概念的正当理由。在每一个词下，他们都希望提出明显的图像；定义必须唤起这个图像，以致在证明的每一个步骤中，他们可以看到它变换和发展。只有在这一条件上，他们才能理解和记住。这些常常欺骗他们自己；他们不听信推理，他们着眼于图形；他们自以为他们理解了，而他们只是看见了。

2. 各种各样的倾向何其之多！我们必须反对它们吗？我们必须利用它们吗？如果我们希望反对它们，那么应该赞同这种做法吗？我们必须向满足于纯粹逻辑的人表明，他们只是看到了事情的一个方面吗？或者我们需要对不如此廉价满足的人说，他们所要求的东西并不是必要的吗？

换句话说，我们应该强使年轻人改变他们的心智本性吗？这样的企图是徒劳的；我们没有点金石，能够向我们透露秘密，使我们把一种金属变为另一种金属；我们所能做的一切就是对它们进行加工，并使我们顺应它们的性质。

许多儿童不能成为数学家，但是我们必须教他们数学；数学家本身并不是用同一个模子铸造出来的。读一读他们的著作，就足以把他们分为两种心智类型，例如像维尔斯特拉斯(Weierstrass)那样的逻辑主义者，像黎曼那样的直觉主义者。在我们的学生中间也有同样的差别。一类人正如他们所说，偏爱“用解析学”处理他们的问题，另一类人则偏爱“用几何学”来处理。

企图改变这种状况是无用的吗？而且这样做是合乎需要的

吗？最好是既有逻辑主义者，又有直觉主义者；谁敢说他宁愿维尔斯特拉斯从来不写东西，或者黎曼永远不存在呢？因此，我们必须听任心智的多样性，或者最好我们必须为之高兴。

3. 由于理解一词有许多意义，一些人易于理解的定义对另一些人来说则不易理解。我们有力求产生图像的定义，有我们限于把空洞的形式组合起来的定义，这些形式是完全可理解的，而且是纯粹可理解的，抽象剥去了其全部内容。

我不知道是否有必要引用例子？无论如何，让我们引用一个例子吧，分数的定义首先将向我们提供一个极端例证。在小学，要定义分数，人们切开苹果或馅饼；当然，这是在内心切开，实际上并没有切开，因为我没有假定初等教育的预算容许如此挥霍。另一方面，在师范学校，或者在高等学校，却说分数是用水平线分开的两个整数的组合；我们通过约定定义这些符号可以服从的运算；据证明，这些运算法则与整数计算中的相同，而且我们最后根据这些法则确定，用分母乘分数则得分子。这是十分恰当的，因为我们正在向年轻人讲解他们通过切开苹果或其他对象长期以来就熟悉了的分数概念，由于严格的数学教育的熏陶，他们的心智逐渐地向往纯粹逻辑的定义。但是，如果有人要力图把它给予初学者，那岂不是要使他呆若木鸡么！

这也是在希尔伯特的《几何学基础》一书中所看到的定义，该书受到公正的称赞并获得了极大的荣誉。看看他事实上是如何开始的：**我们设想三个事物系统，我们将称其为点、线和面**。这些“事物”是什么呢？

我们不知道，也不需要知道；想要了解它们甚至被认为是憾事;我们有权知道的一切就是这个假定告诉我们的东西;例如这就是:**两个不同的点总是决定一直线**,还要紧随这样的话:**倘若不用决定一词,我们可以说两点在直线上,或者说直线通过这两点或连结这两点**。

因此,"在直线上"只不过被定义为"决定一直线"的同义语。瞧,我认为是很好的书,但是我不应向学童推荐。可是,即便我毫无顾忌地推荐了,学童也无法读懂它。我所举的是极端的例子,没有老师会梦想走得那么远。不过,即使突然中止这样的模式,他难道不是已经面临同样的危险吗?

假定我在一个班级里;教师讲道:圆是与称之为圆心的内部一点等距的平面上的点的轨迹。好学生在他的笔记本写下这句话;差学生拉长了脸;但是,无论谁都不理解其意;于是,教师拿起粉笔,在黑板上画圆。学生认为:"啊!他为什么不同时说圆是环形物呢,否则我们早该理解了。"毫无疑问,教师是对的。学生的定义是无效的,因为它不能用于证明,因为它不能培养学生分析概念的有益习惯。但是,人们应该向他们说明,他们并不理解他们自以为知道的东西,应该引导他们意识到他们的原始概念的粗糙性,意识到他们需要使概念变得纯粹、变得精确。

4. 我将返回到这些例子;我只希望向你们说明两种对立的概念;它们处于猛烈的冲突之中。科学史可以说明这种冲突。如果我们读一下50年前写的书,我们发现大多数推理似乎缺乏严格性。当时曾经假定,连续函数只有在通过零点时才能改变符号;今天我们证明了这一点。人们曾假定,通常的运算法则可用于不可通约数;今天我们证明了它。人们还做过许多其他假定,其中有时也会出错。

我们信赖过直觉;但直觉既不能给我们以严格性,也不能给我们以确定性;我们愈来愈看清了这一点。例如,我们被告知,每一个曲线都有切线,也就是说,每一个连续函数都有导数,但这却是错误的。由于我们寻求确定性,我们使直觉成分越来越少。

是什么促成了这种必要的进化呢?我们并非迟钝地觉察到,如果一开始不使严格性进入定义,那么严格性就无法在推理中确立。

数学家所研究的对象长期以来没有很好地定义;因为我们用感官或想像描述它们,所以我们自以为了解它们;但是,对于它们,我们只有粗糙的图像,而没有推理赖以进行的精确概念。正是在那里,逻辑主义者完全可以指导他们的努力。

对于不可通约数来说,情况就是这样。我们把模糊的连续性观念归因于直觉,这种观念本身分解为与整数有关的复杂的不等式系统。这样便最终消除了所有的困难,我们的祖先在考虑微积分基础时,曾为这些困难感到惊讶。今天,只有整数留在解析学中,或者说,只有用等式和不等式丛结合起来的整数的有限系统或无限系统留在解析学中。我们所说的数学被算术化了。

5. 但是,你认为数学在没有做出任何牺牲的情况下获得了绝对的严格性吗?根本不是这样;在严格性方面有所得,则在客观性方面有所失。正是由于严格性本身与实在相分离,它才获得了这种完美的纯洁性。我们可以自由地在它的整个疆域驰骋,以前这里充满着障碍,而且这些障碍还没有完全消失。它们只是移到了边界,如果我们想越过这一边界而进入实用领域,就必须重新破除这些障碍。

我们已经具有由不一致的要素形成的模糊的概念，在这些要素中，一些是先验的，另一些来自或多或少经过整理的经验；我们认为，我们通过直觉知道这个概念的主要特性。今天，我们摒弃经验要素，仅仅保留先验要素；特性之一作为定义，所有其他特性都能通过严格的推理从定义导出。这都是十分恰当的，不过依然要证明，这种变成定义的特性从属于真实的客体，经验使我们了解这些客体，我们从中引出了我们模糊的直觉概念。为了证明这一点，就必须诉诸经验或求助于直觉，如果我们不能证明它，我们的定理或许十分严格，但却毫无用处。

逻辑有时造成奇异的东西。半个世纪以来，我们看到，出现了一大堆异乎寻常的函数，它们似乎力图尽可能地不类似于具有某些效用的普通函数。它们不再有连续性，或者也许有连续性，但却没有导数等等。不仅如此，从逻辑的观点看，正是这些奇异函数，才是最普遍的，人们无须寻找就能遇到的函数除非作为特例，否则不再出现。它们继续仅占据了一个很小的角落。

从前，当一个新函数被发明时，正是为了某种实用的目的；今天，为了指出我们祖先推理的错误，才特意发明新函数，人们从来也不能从它们得到任何比这更多的东西。

如果逻辑是教师的唯一指导，它就必须从最普遍的函数开始，也就是说从最奇异的函数开始。正是初学者，必须下决心对付这个畸胎陈列馆。如果你不这样做，逻辑学家就会说，你只能分阶段达到严格性。

6. 是的，也许是这样，但是我们不能使实在如此贬值，我不仅仅意指感觉得到的世界的实在，这种实在无论如何具有它的价值，因为你的学生十分之九都向你索求武器，以便与之斗争。还有一种更为微妙的实在，它造成了数学存在的真正生命，它完全不同于逻辑。

我们的身体是由细胞构成的，细胞是由原子组成的；于是，这些细胞和这些原子都是人们身体的实在吗？这些细胞排列的方式，由此导致个体统一的方式，不也是实在，而且不也是更有趣的实在吗？

博物学家只是用显微镜研究大象，他能够认为他充分地了解这种动物吗？这与数学中的情况相同。当逻辑学家把每一个证明分解为许多全部正确的基本演算时，他还不具有整个实在；我不了解哪一种东西构成证明的统一性，这一点将完全逃脱他的注意。

在由我们的大师们建设起来的大厦中，即使我们不理解设计师的规划，我们也要称赞砖石工的工作多么有用吗？现在，纯粹逻辑不能使我们正确评价总效果；为此我们必须求助直觉。

以连续函数的观念为例。起初，这只是一个可感觉到的图像，用粉笔在黑板上所画的痕迹。逐渐地，它变得精练了；我们利用它构造复杂的不等式系统，该系统再现了原初图像的所有特征；当做完这一切后，正像在建成了拱门之后，我们便**拆除了拱架**；从这时起，支撑物无用了，这种粗糙的表象消失了，留下的只是大厦本身，在逻辑学家看来，它是无可指责的。可是，如果教师不回忆原初图像，如果他不暂时恢复拱架，那么学生怎么能够以某种随意性凭直觉推测，所有这些不等式相互之间以这种方式搭成脚手架呢？定义在逻辑上也许是正确的，但它并没有向他显露出真正的实在。

7. 因此，我们必须回溯一下；对一个教师来说，无疑很难教他完全不满意的东西；但是，教师的满意并不是唯一的教学目标；我们首先应该注意学生的心智是什么样的，我们希望使它变成什么样的。

动物学家主张，动物的胚胎的成长简短地重演了它的祖先在整个地质时代的全部历史。在心智发展中，情况似乎与此相同。教师应该使儿童走他的祖先走过的路；要更快些，但不要越站。为此，科学史应该是我们的第一个向导。

我们的祖先以为他们知道分数是什么，或连续性是什么，或曲面的面积是什么；我们发现他们并不了解它。当我们的学生开始认真学习数学时，他们恰恰也是这样以为他们了解数学。如果在没有预先通知的情况下我告诉他们："不，你们不了解数学；你们以为你们理解的东西，其实你们并不理解；我必须向你们证明在你们看来似乎是自明的东西。"在证明中，如果我使自己立足于在他们看来似乎不比结论自明的前提，那么这些不幸的人将怎么想呢？他们将认为，数学科学仅仅是无用的不可捉摸的东西的任意堆积；或者他们将厌恶它，或者他们将把它作为游戏来玩，并将达到像希腊诡辩家那样的心智状态。

相反地，当学生的心智后来熟悉了数学推理时，心智由于这种长期的反复训练而成熟起来，学生本人将发生疑问，于是你的证明将受欢迎。这将唤起新的疑问，问题将相继地呈现在儿童面前，正像它们曾相继地呈现在我们祖先的面前一样，直到完美的严格性才能使他满意。怀疑一切是不够的，人们必须了解他为什么怀疑。

8. 数学教学的主要目的是发展心智的某些官能，其中直觉并不是最不珍贵的。正是通过直觉，数学世界才依然与实在世界保持接触，即使纯粹数学家没有真实世界也能工作，但总是必须求助于它，以填平把符号与实在分隔开的鸿沟。实际者将总是需要它，对于一个纯粹几何学家，应该有一百个实际者。

工程师应该接受完善的数学教育，可是数学教育对他应该有什么帮助呢？

看看事情的各个方面吧，迅速地看一看它们吧；工程师没有时间捉老鼠。在呈现给他的复杂的物理对象中，他应该敏捷地辨认，我们放在他手中的数学工具能够占据什么地点。如果我们在工具和对象之间留下逻辑学家挖掘的深渊，他该怎么办呢？

9. 除工程师而外，其他为数不多的学生本身将要成为教师；因此，他们必须追本穷源；对他们来说，关于本原的深刻的、严谨的知识首先是不可或缺的。但是，这并不是在他们身上无须培养直觉的理由；其原因在于，如果他们从来不注重直觉，只是片面地看问题，那么他们就会得到错误的科学观念，而且他们也无法在他们的学生身上发展他们自己并不具备的品质。

对于纯粹几何学家本人来说，这种官能是必不可少的；人们证明正是用逻辑，人们发明正是用直觉。知道如何批判固然不错，知道如何创造当然更好。你知道如何辨认组合是否正确；如果你没有在所有可能的组合中选择的技艺，便会陷入何等困境。逻辑告诉我们走如此这般的道路保证不会遇到任何障碍；但是它没有说哪一条道路通向目标。为此，必须从远处瞭望目标，教导我们瞭望的官能是直觉。没有它，几何学家便会像这样的作家，他只是按语法作诗，但却毫无思想。现在，它刚一出现，如果我们驱逐它、排斥它,如果我们在了解它的好处之前轻视它,那么这种官能怎么能够发展呢。

在这里,请允许我插句话,强调一下书面练习的重要性。书面写作在某些考试中也许没有充分地予以重视,例如在巴黎综合工科学校就是这样。我被告知,书面写作对于十分优秀的学生紧闭大门,这些学生精通课程,透彻地理解它,不过没有能力作最少量的应用。我刚刚说过,理解这个词有几种意义:这样的学生只是在第一个方面理解了,我们看到,这既不足以成为工程师,也不足以成为几何学家。好了,由于必须做出选择,我宁可要完全理解的学生。

10. 但是,数学教师首先应当培养的健全的推理技艺不也是珍贵的东西吗?我未充分留神而忘记了这一点。它应该引起我们的注意,从一开始就这样做。我总是忧伤地看到,几何学退化为我不了解的低级的准距快速测定术,我决不赞成某些德国教师的极端主张。但是,有足够的机会使学生练习数学那一部分中的正确推理,我所指出的不方便在这里还未呈现出来。有一长串定理,其中绝对的逻辑从最初就处于支配地位,也可以说十分自然地处于支配地位,在那里,头一批几何学家给我们以模式,我们应该不断地仿效和赞美这些模式。

正是在第一原理的阐明中,必须避免过多的不可捉摸的东西;这也许最让人丧气而且无用。我们不能证明一切,我们不能定义一切;因而总是有必要借用直觉;问题在于,是早一点还是晚一点这样做,倘若正确地利用直觉向我们提供的前提,我们便能学会健全地推理。

11. 有可能满足如此之多的对立条件吗？尤其是，当问题在于给出定义，这是可能的吗？怎样才能找到一个简明的陈述，使它同时满足不妥协的逻辑法则，满足我们把握新概念在科学总体中的地位的要求，满足我们用图像进行思维的需要呢？这样一个陈述通常是找不到的，这就是人们不足以陈述定义的原因；必须为它作准备，并且为它辩护。

这意味着什么呢？你知道，人们常常说：每一个定义都隐含着假定，因为定义肯定所定义的对象的存在。于是，从纯粹逻辑的观点看，直到人们既不用术语、也不用预先承认的真实性**证明**它不包含矛盾为止，否则定义将不会受到辩护。

但是，这还不够；定义是作为约定向我们陈述的；但是，如果我们希望把定义作为**任意的**约定强加给人们，那么大多数心智都会感到反感。只有当你回答了许多问题时，他们才会满意。

正如利阿德(Liard)先生表明的，数学定义通常完全是由比较简单的概念建造的名副其实的建筑物。但是，当许多其他组合都是可能的时候，为什么以这种方式集合这些要素呢？

这是出于任性吗？如果不是，为什么这种组合比所有其他组合更有存在的权利呢？它符合什么需要呢？人们如何预见它在科学发展中会起重要的作用，它会使我们的推理和运算简化吗？在自然界中存在着某种熟悉的对象，也可以说是存在着它的粗糙的和模糊的图像吗？

这并非一切；如果以满意的方式回答所有这些问题，我们事实上将看到，新生儿有权利被命名；但是，名称的选择也不是任意的；它要说明人们受什么类似指导，如果把类似的名称给予不同的事物，这些事物至少仅在材料上有差别，而在形式上却相关联；它们的性质是类似的，也可以说是平行的。

以此为代价，我们可以满足所有的倾向。如果陈述正确得足以使逻辑主义者中意，那么辩护将会使直觉主义者称心。但是，还有更好的程序；若辩护无论在什么地方都是可能的，它就应该先于陈述，并为陈述做准备；通过研究某些特例，便会引导人们达到普遍的陈述。

还有另外的事情：定义的陈述的每一部分，其目的在于把被定义的事物与其他邻近对象的类区别开来。只有当你不仅指出了被定义的对象，而且也指出了可以恰当地与之区别的邻近对象时，只有当你把握了差异并明确地附加道：这就是在陈述定义时我为什么这样说而不那样说时，定义才算是被理解了。

不过，现在是放下一般原则，进而审查我详述过的某些抽象原理如何可以应用在算术、几何学、解析学和力学中的时候了。

算术

12. 整数不必定义；作为回报，人们通常定义整数的运算；我认为，学生虽则记住了这些定义，但并不明白它们的意义。关于这一点，有两个理由：首先，使学生过早地学习它们，当时他们的心智还没有感到需要它们；其次，从逻辑的观点看，这些定义是不能令人满意的。加法的好定义还未找到，只是因为我们必须停下来并且不能够定义一切。说加法在于添加，这并不是定义加法。人们能够做的一切就是从若干具体例子出发，并且说：我们完成的运算就是所谓的加法。

至于减法，完全是另一个样子；从逻辑上讲，减法可定义为加法的逆运算；但是，我们能够以这种方式开始吗？在这里，也是用例子开始的，依据这些例子表明两种运算的相关性；于是，将为定义预先做了准备，并使它得到辩护。

乘法恰恰也是这样；举一个特殊问题吧；先表明乘法可以通过把几个相等的数加在一起来解决；接着表明我们用乘法可以比较迅速地达到这一结果，乘法是学生已经知道如何按惯例去做的运算，逻辑定义将会自然地由此得出。

除法被定义为乘法的逆运算；可是还是以例子开始，例子是从分割这一熟悉的概念产生的，依据这个例子表明，乘法可以再产生被除数。

还有分数运算。唯一的困难是关于乘法。最好先详述一下比例理论；只有从它才能够得到逻辑定义；可是，要使在这个理论的开头遇到的定义是可以接受的，就必须用许多例子为它们做准备，并尽力引入分数已知件，而那些例子则来自比例运算三个法则的经典问题。

我们也不应害怕用几何学图像使学生熟悉比例概念：或者如果他们已经学过几何学，可以通过诉诸他们回忆起来的东西，或者如果他们没有学过几何学，则可以求助于直接的直觉，而且这将为他们以后学习几何学作好准备。最后，我想再说一句：在定义了分数乘法之后，需要通过表明它服从交换律、结合律和分配律，来为这个定义辩护，并让听者注意，这样规定是为定义辩护。

人们看到，几何学图像在这一切中起了什么作用；这种作用已得到哲学和科学史的辩护。如果算术和几何学依然毫无混合，那么算术只可能知道整数;正是为了使自己适应几何学的需要,算术才发明了其他东西。

几何学

在几何学中,我们即刻就遇到了直线的概念。直线能够被定义吗?众所周知的定义,即从一点到另一点的最短路径,很难使我满意。我只应从**直尺**开始,首先向学生说明,人们如何通过转动检验直尺;这种检验就是直线的真实定义;直线就是旋转轴。其次,他应当表明如何通过滑动检验直尺,于是他便明白直线的最重要的特性之一。

至于从一点到另一点的最短路径这个特性,不过是一个能够绝对肯定地加以证明的定理,但是证明太复杂了,以致在初等教育中找不到它的位置。更值得表明的是,把一个预先检验过的直尺贴近拉紧的线上。面对这样一些困难,人们不需要担心增加假定,从而用粗糙的实验为它们辩护。

需要姑且承认这些假定,如果人们承认它们之中的几个假定多于严格必要的假定数,弊端也不是很大的;主要的事情是学会在所承认的假定上正确地进行推理。喜欢重复的萨尔塞(Sarcey)叔叔常说,在剧院中,观众在一开始都乐于接受所有强加在他身上的假设,但是布幕一旦拉开,他就变得坚决按照逻辑看问题。好了,数学中的情况与此正好相同。

关于圆,我们可以从圆规开始;学生乍一看便会认出所画的曲线;然后使他们观察,这个绘图工具的两点的距离始终不变,其中一个点是固定的,另一个点是可动的,这样我们将自然地被导向逻辑定义。

平面的定义包含着公理，这一点无须隐瞒。取一个制图板，显示运动着的直尺始终保持与这个平面完全接触，而且还具有三个自由度。与柱面和锥面比较，在这种曲面上所划的直线只具有两个自由度；其次，取三个制图板；先显示它们将滑动，同时相互依然适用，这个制图板有三个自由度；最后把平面和球面加以区别，显示与第三个板符合的两个板将相互符合。

也许你为这种不断地使用运动之物而感到惊奇；这不是粗糙的技巧；它比人们起初设想的更富有哲理。对哲学家来说，几何学是什么呢？它是群的研究。是什么群呢？是固体运动的群。可是，要是没有某些运动着的固体，怎么定义这种群呢？

我们应该保持平行线的经典定义，说平行线是两个共面的直线无论延长得多么远都不相交吗？不应该，因为这个定义是否定的，因为它无法用实验证实，从而不能被看做是直觉的即时已知件。之所以不应该，尤其是因为它对群的概念完全是陌生的，完全没有考虑固体的运动，正如我说过的，固体的运动是几何学的真正来源。首先把不变图形的直线平动定义为这个图形的所有点都具有直线轨道的运动，并通过使正方形在直尺上滑动，说明这样的平动是可能的，这岂不是更好一些？

从这个作为假定而提出的实验考察中，可以很容易地推出平行概念和欧几里得(Euclid)公设本身。

力学

我不需要回到速度或加速度的定义，或者回到其他运动学概念;它们可以有利于与导数的概念关联起来。

另一方面,我愿强调一个力和质量的动力学概念。

有件事情震撼了我:受过中学教育的年轻人,距离把教给他们的力学定律应用到真实的世界中相差何其之远。这不仅仅是他们没有应用能力;他们甚至没有想到应用。对他们来说,科学世界和实在世界是用一堵不可逾越的墙壁隔离开来的。

如果我们尝试分析一下我们学生的心智状态,我们就不会为此感到惊讶了。在他们看来,真实的力的定义是什么呢?力的定义不是他们背诵的东西,而是蜷缩在他们心智的隐匿处、从中完全指导心智的东西。这里有一个定义:力是箭号,人们用它来作平行四边形。这些箭号是想象的东西,它与自然界中的任何存在物都没有关系。如果向学生表明力实际上在用箭号表示它们之前就存在,那就不会发生这种情况。

我们将如何定义力呢?

我想我在其他地方已充分表明,完善的逻辑定义是没有的。只有拟人的定义,即肌肉用力的感觉;这实在太粗糙了,无法从它导出任何有用的东西。

在这里,问题在于我们应该如何前进:首先,要知道力的种,我们就必须相继表明这个种的所有类;它们是为数众多的、截然不同的;有其中盛有流体的容器内壁上的流体压力;有线的张力;有弹簧的弹性力;有作用在物体所有分子上的重力;有摩擦力;有两个物体在接触时相互之间正常的作用力和反作用力。

这只是定性的定义;还必须学会测量力。为此,先由证明一个力可用另一个力代替而不破坏平衡开始;我们可以在天平和博尔达(Borda)的双重称量中找到这种代替的第一个例子。

接着证明,重力不仅可以用另一个重力代替,而且可以用不同本性的力来代替:例如,普罗尼(Prony)制动器容许用摩擦力代替重力。

两个力平衡的概念就是从这一切中产生的。

必须定义力的方向。如果一个力 F 借助于拉紧的线等价于另一个作用在所考虑的物体上的力 F',以致 F 可以用 F' 代替而不影响平衡,那么按照定义,连接线的点将是力 F' 的作用点和等价的力 F 的作用点;线的方向将是力 F' 的方向和等价力 F 的方向。

由此可进而比较力的大小。如果一个力能够代替具有同一方向的其他两个力,它便等于两力之和;例如,演示 20 克的重物可以用两个 10 克的重物来代替。

这就足够了吗?还不够。我们现在知道如何比较两个具有同一方向和同一作用点的力的强度;当方向不同时,我们也必须学会比较。为此,设想一个用重物拉紧并通过滑轮的线;我们便说该线的两条引线的张量相同,并且等于重物的张力。

我们的这个定义能使我们比较线的两段的张力,再利用前面的定义,我们还可以比较与这两段线具有同一方向的任何两个力。应该通过演示线的最后一段的张力对于同一张量的重力而言依然相同,而不管折转滑轮的数目与配置,来为上述说法辩护。最后,还必须通过演示这只有在滑轮无摩擦时才为真来完成。

一旦掌握了这些定义,就可以证明,作用点、方向和强度足以决定一个力;这三个要素相同的两个力**总是**等价的,而且**总是**可以相互代替，而不管它们处于平衡还是处于运动，而且这与正在作用的其他力是什么毫无关系。

必须表明，两个共点力总是可以用一个合力来代替；而且，不管物体处于静止还是处于运动，也不管作用于物体的其他力是什么，**这个合力依然是相同的**。

最后必须表明，这样定义的力满足作用与反作用相等的原理。

正是实验而且惟有实验，才能告诉我们这一切。引用学生每天都做的而且不怀疑的某些共同的实验，在他们面前完成几个简单的、经过周密选择的实验，这就足够了。

正是在通过这一切迂回曲折的道路之后，我们才可以用箭号表示力，我甚至希望，在推理的进展中，时时要从符号返回到实在。例如，不难借助用三条线做成的仪器来图示力的平行四边形，这三条线通过滑轮，用重物拉紧，当它们作用在同一点时便处于平衡状态。

知道了力，就很容易定义质量；这时，定义应该借用动力学；没有其他做法，因为要达到的目的就是理解质量和重量之间的差别。在这里，定义应该再次由实验来引导；事实上，有一种机械似乎是特意为显示质量是什么构成的，这就是阿脱武德(Atwood)机；也可以回忆一下落体定律，即重力加速度对于重物体与轻物体都是相同的，而且它还随纬度不同而变化，等等。

现在，如果你告诉我，我所赞美的所有方法长期以来就在学校应用，与其说我为此感到惊奇，毋宁说我为此感到高兴。我知道，总的说来，我们的数学教学是好的。我不希望推翻它；那样做甚至会使我感到悲痛。我只要求逐步地改善。这种教学不应该在一时的风尚的随意冲击下遭受突然的摇摆。在这样的骚动中，它的高度的教育价值会立即蒙受损害。良好的和健全的逻辑应该继续是它的基础。用例子定义总是必要的，但是它应该为逻辑定义开辟道路，它不应该代替逻辑定义；在真正的逻辑定义只能在高级教育中有利地给出的情况下，它应该使这一点至少成为可以向往的。

请理解，我在这里所说的一切并不意味着放弃我在其他地方所写的东西。我常常有机会批评我今天称赞的某些定义。这些批评完全是有效的。这些定义只能是暂时性的。但是，我们必须取道的正是它们。

第三章　数学和逻辑

引　言

不诉诸数学特有的原理，能够把数学还原为逻辑吗？有整整一个学派，对此富于热情，充满信心，力图去证明它。他们有自己的特殊语言，这种语言不用词，而仅用记号。这种语言只能被创始人理解，以致一般人倾向于屈从内行的明确断言。稍为仔细地审查一下这些断言，看看他们是否为表述这些断言的专横的腔调做了辩护，也许不无益处。

但是，要使问题的本性清楚，就必须开始研讨某些历史细节，尤其是回忆康托尔著作的特征。

无穷概念被引入数学由来已久；但是，这种无穷是哲学家所谓的演化(becoming)。数学无穷仅仅是一个能够增加到超越所有极限的量：它是一个可变量，不能说它**已超过了**所有极限，而只能说它**可以超过**它们。

康托尔已着手把**实无穷**引入数学，也就是说把这样一个量引入数学：这个量不仅能够超过所有的极限，而且人们认为它已经超过了它们。他本人提出了像这样的问题：空间中的点比整数多吗？空间中的点比平面上的点多吗？等等。

于是，整数的数目、空间的点的数目等等，组成了他所谓的**超限基数**，也就是说，一个基数大于所有的寻常基数。而且，他正忙于把这些超限基数进行比较。在把包含无穷个元素的集合中的元素按适当的次序排列时，他也曾设想了他所谓的超限序数，我不想详述超限序数了。

许多数学家按照他的引导，提出了一系列这类问题。他们这样熟悉超限数，以致他们最终创造出依赖康托尔基数的有穷数理论。在他们看来，为了以真正的逻辑方式教算术，人们应当以建立超限基数的一般特征开始，然后在它们之中区分出一个很小的类，即寻常整数的类。多亏这种迂回，人们才能成功地证明与这个小类（也就是说我们的整个算术和代数）有关的一切命题，而没有利用任何逻辑之外的原理。这个方法显然与一切健全的心理相反；可以肯定，人的心智无法用这种方式着手构造数学；我想，它的创造者也没有这样梦想把它引入中学教学中去。但是，它至少合乎逻辑吗？或者更恰当地讲，它是正确的吗？人们可以对它表示怀疑。

无论如何，使用它的几何学家为数众多。他们习惯于公式，他们在写学术论文时企图使自己摆脱不是纯粹逻辑的东西，这些学术论文与通常的数学书不同，公式不再与说明性的论述交替出现，这种论述已经全部消失。

不幸的是，他们得到了矛盾的结果，这就是所谓的**康托尔矛盾**，我们有机会回过头来谈它。这些矛盾并没有使他们灰心丧气，他们力图修正他们的结果，以消除已经呈现在他们面前的那些矛盾，尽管如此，也不能保证不会显露新的矛盾。

是审判这些夸张言语的时候了。我不奢望使他们信服;因为他们在这种气氛下生活的时间太长了。而且,当他们的证明之一被反驳时,我们确实看到,它通过轻微的改变复活了,一些证明已经从它们的灰烬中出现一些时候了。这就像很久以前希腊神话中的九头怪蛇一样,它那有名的头总是可以再生。海格立斯(Hercules)①杀死了它,因为九头蛇只有九个头或11个头;但是,这里却有许多头,一些在英国,一些在德国、意大利、法国,连海格立斯恐怕也不得不认输。于是,我只向有健全的判断力的、毫无偏见的人诉说。

I

近年来,出版了许多纯粹数学和数学哲学方面的著作,力图把数学推理的逻辑元素隔离、孤立起来。库蒂拉特(Couturat)先生在《数学原理》一书中对这些著作做了清楚的分析和阐述。

在库蒂拉特先生看来,新著作,尤其是罗素(Russell)和皮亚诺(Peano)的著作,最终调解了莱布尼兹和康德(Kant)之间长期以来悬而未决的争论。它们表明,不存在**先验**综合判断(康德称呼判断的用语,这种判断既不能通过分析加以证明,也不能还原为恒等,也不能用实验确立),它们还表明,数学完全可以还原为逻辑,直觉在这里不起作用。

① 亦译成赫尔克里士或赫拉克勒斯,主神宙斯之子,力大无穷,曾完成12项英雄事迹。九头怪蛇是斩去一头立生二头之怪蛇。——中译者注

这就是库蒂拉特先生在刚才引用的著作中陈述的东西；他在纪念康德的演说词中更明确地谈到了这一点，因此我听到我周围的人窃窃私语："我充分地看到，这是康德**逝世**100周年纪念。"

我们能够同意这一结论性的谴责吗？我认为不能，我将力图表明为什么。

II

首先，在新数学中冲击我们的是它的纯粹的形式特征，希尔伯特说："我们设想三种**事物**，我们将称其为点、直线和平面。我们规定一直线将被两点决定，若不说这条直线被这两点决定，我们可以说它通过这两点，或者说这两点位于这条直线上。"我们不仅不知道这些**事物**是什么，而且我们也不应该企图知道它。我们不需要知道，从来也没有看到过点、直线或平面的人也能像我们一样地研究几何学。**通过**这个用语，或者**位于……上**这个用语不可能在我们身上引起形象，前者仅仅是**被决定**的同义语，后者仅仅是**决定**的同义语。

这样一来，据说为了证明一个定理，知道它意味着什么既没有必要，甚至也没有好处。几何学家可以被斯坦利·杰文斯(Stanley Jevons)设想的**逻辑皮亚诺**取代；或者，如果你乐意的话，可以设想一种机器，在一端输入假定，而在另一端便输出了定理，这就像传奇中的芝加哥机器一样，从一端送入活猪，在另一端便转化为火腿和香肠。数学家不过是这些机器，他不需要知道他做什么。

我并不为希尔伯特几何学这种形式特征而责备他。在给出了他分配给自己的问题后,这正是他应走的道路。他希望把几何学的基本假定的数目缩简到极小,并完备地列举它们;现在,在我们心智在其中依然是能动的推理中,在直觉在其中还起作用的推理中,在生气勃勃的推理中,可以说,不引入通行证未被觉察到的假定或公设是困难的。因此,只有在把所有几何学推理划归为纯粹机械的形式后,他才能保证实现他的计划并完成他的工作。

希尔伯特对于几何学所做的事情,其他人针对算术和解析也力图去做。即使他们完全成功了,康德主义者最终会被谴责得哑口无言吗?也许不会,因为在把数学思想还原为空洞的形式时,它肯定是残缺不全的。

人们即使承认已经确立,所有定理都能够用纯粹解析的程序、用有限数目的假定的简单逻辑组合推导出来,这些假定仅仅是约定;但是,哲学家还会有权利调查这些约定的起源,考察为什么断定它们比相反的假定更可取。

可是,从假定导致定理的推理的逻辑正确性并不是应该使我们忙碌的唯一事情。完善的逻辑的法则,它们是整个数学吗?不妨说,下棋的整个技艺归结为棋子走法的规则。在由逻辑提供的材料能够建立起来的一切结构中,必须做出选择;真正的几何学家之所以明智地做出这种选择,因为他或者受可靠的本能的指导,或者受对比较深奥、比较隐秘的几何学的某种模糊的意识——我不了解它——的指导,唯有这一切,才赋予建造起来的大厦以价值。

寻求这种本能的起源,研究这种只可意会不可言传的深刻的几何学的规律,对于不需要逻辑即是一切的哲学家来说,也可能是一件极好的工作。但是,我本人希望提出的并不在于这个观点,我希望考虑的问题也不是这样的。对于发明家来说，所提到的本能是必要的，但是乍看起来，在学习先前创立的科学时，似乎没有本能我们也能行动。好了，我希望审查的是，逻辑原则一旦被承认，人们是否真的能够证明——我不说发现——所有的数学真实性而不重新诉诸直觉。

III

最近的著作能够修改我们的回答吗？对于这个问题，我曾说不能。[①] 我之所以说不能，是因为“全归纳原理”在我看来似乎是数学家所必需的，同时它也不能还原为逻辑。这个原理是这样陈述的：“如一种性质对数 1 为真，倘使它对 n 为真，若我们确认它对 $n+1$ 为真，则它将对所有的整数都为真。”在其中，我看到数学推理的正常优点。与人们设想的不同，我的意思并不是说，所有的数学推理都能够还原为这个原理的应用。仔细地审查一下这些推理，我们能看到其中应用了许多其他类似的原理，呈现出同样的基本特征。在原理这个范畴中，全归纳原理只不过是所有原理中最简单的，这就是我把它选作典型的原因。

全归纳原理这个流行的名称，并未受到辩护。这种推理模式仍然是真正的数学归纳法，它与通常的归纳法的差别仅在于它的确实性。

① 参见《科学与假设》，第一章。

IV　定义和假定

对于毫不妥协的逻辑主义者而言，这样的原理的存在是困难的；他们如何妄图摆脱它呢？他们说，全归纳原理不是严格意义上所谓的假定或先验综合判断；它恰恰只是整数的定义。因此，它是简单的约定。要讨论这种观察它的方法，我们必须稍为仔细地审查一下定义和假定之间的关系。

让我们首先回到库蒂拉特先生论述数学定义的文章吧，该文发表在巴黎戈蒂埃-维拉斯和日内瓦热奥尔出版的《数学教学》杂志上，我们从中将看到**直接的定义**和**用公设定义**之间的区别。

库蒂拉特先生说："用公设定义不适用于单个概念，而适用于概念系统；它在于枚举把概念结合起来的基本关系，这些关系能使我们证明概念的其他一切特性；这些关系即是公设。"

如果所有这些概念除一个而外都被预先定义，那么这个剩下的概念按照定义将是证实这些公设的东西。这样一来，某些不可证明的数学假定只可能是伪装的定义。这个观点往往是合法的；例如，提到欧几里得公设，我本人就承认它。

几何学的其他假定不足以完备地定义距离；于是，按照定义，在所有满足另外这些假定的量中，距离将是能使欧几里得公设为真的这样一种量。

好了，我对于欧几里得公设所承认的东西，逻辑主义者假定对于全归纳原理也为真；他们想把它仅仅看做是伪装的定义。

但是，要给他们这种权利，必须满足两个条件。斯图尔特·穆勒(Stuart Mill)说，每一个定义都隐含着假定，由于这个假定，肯定了被定义的对象的存在。依据这种说法，定义不会再是可以被伪装成定义的假定，相反地，它也许是可以被伪装成假定的定义。斯图尔特·穆勒在实质性的和经验的意义上意谓存在一词；他的意思是说，在定义圆时，我们肯定在自然界中存在着圆形物。

在这种形式下，他的观点是无法接受的。数学与实物对象的存在无关；在数学中，存在一词只能有一种意义，它意味着没有矛盾。这样纠正以后，斯图尔特·穆勒的思想就变精确了；在定义一种事物时，我们肯定该定义不隐含矛盾。

因此，如果我们有一个公设系统，如果我们能够证明这些公设不隐含矛盾，那么我们便有权利认为它们表示了进入其中的概念之一的定义。如果我们不能证明这一点，就必须在没有证据的情况下承认它，于是那将是一个假定；这样一来，要在公设下寻找定义，我们应该在定义下发现假定。

通常，要表明定义不隐含矛盾，我们要用**范例**进行，我们力图使事物的**范例**满足定义。举一个用公设定义的案例吧；我们希望定义概念 A，我们说，按照定义，A 是任何对其而言某些公设为真的事物。如果我们能够直接证明，所有这些公设对某一对象 B 为真，那么定义将受到辩护；对象 B 将是 A 的**范例**。我们将断定，公设没有矛盾，因为存在着它们同时都为真的案例。

但是，这样的通过范例的直接证明并非总是可能的。

要确立公设不隐含矛盾，因而必须考虑从这些作为前提看待的公设中可以推导出的所有命题，并表明在这些命题中没有两个是矛盾的。如果这些命题为数有限，那么直接证实就是可能的。

这种案例很少发生，而且毫无趣味。如果这些命题在数目上是无限的，这种直接的证实就不再能够进行了；必须求助于这样一些程序，在这些程序中，它一般说来正好必须乞求全归纳原理，而该原理恰恰是已被证明的东西。

这是对逻辑主义者应该满足的条件之一的说明，**进而我们将看到他们并未这样做**。

V

还有第二个条件。当我们下定义时，正是利用它。

因此，我们将在阐明的结局中寻找被定义的词；我们有权利肯定适合定义的公设属于用这个词所表示的事物吗？显然有权利，倘若该词保持着它的意义，倘若我们不隐含地赋予它以不同意义的话。好了，这就是有时发生的情况，通常很难觉察它；需要查看一下，这个词是怎么进入我们的论述中去的，它进入的大门是否实际上不隐含与所陈述的定义不同的定义。

这个困难在所有的数学应用中均出现。人们给予数学概念以十分精练、十分严格的定义；对于纯粹数学家来说，所有的疑问都消失了；但是，如果人们想把它应用于例如物理科学，那就不再是纯粹概念的问题，而是具体对象的问题，具体对象往往只不过是它的粗糙图像。说这个对象满足定义，至少近似地满足定义，就是陈述了一个新的真理，惟有经验才能够毫无疑问地提出新真理，新真理不再具有约定的公设的特征。

但是，尽管没有超越纯粹数学，我们也遇到了同样的困难。

你给出了数的微妙定义；而且，一旦给出了这个定义，你就不再去想它；因为在实际上，它并不是教给你数是什么的它；你早就知道这一点，当在你的钢笔下进而写出数这个词时，你赋予它的意义与第一次碰到时的相同。为了知道这个意义是什么，以及它在这个短语或那个短语中意义是否相同，那就需要考察一下，你是如何被引导说数的，你是怎样把这个词引入这两个短语中的。我暂时不想详述这一点，因为我还有机会回过头来谈它。

这样考虑一个词，我们明确地给它以定义 A；此后，我们在论述中使用它时，便隐含地假定了另一个定义 B。有可能，这两个定义指示同一事物。但是，正是如此，这才是一个新真理，我们必须证明或承认它是一个独立的假定。

我们将进而看到，逻辑主义者并没有满足第二个条件，正如他们没有满足第一个条件一样。

VI

数的定义很多，而且各不相同；我甚至只好放弃列举它们的作者的名字。在这里有如此之多的定义，我们不应为此而惊讶。如果其中之一是令人满意的，那么人们便不会给出新的定义。如果每一个从事这个问题的新哲学家都认为他必须发明另一个定义，这是因为他不满意他的前辈的那些定义，他之所以不满意它们，因为他认为他看到了预期理由。[①]

① 预期理由(petitio principii)是一种逻辑错误，把未经证明的判断作为证明论题的论据。——中译者注

在读论述这个问题的著作时,我总是深感不安;我总是期待偶然碰上预期理由,当我没有即时察觉它时,我担心我遗漏了它。

这是因为,要下定义不用句子是不行的,而不用数词,或至少不用词几个,或至少不用复数词,便很难造一个句子。因此,倾斜是容易滑脱的,时刻都存在着陷入预期理由的危险。

接下来,我将只集中注意那些最能够隐藏预期理由的定义。

VII 通用书写法

在这些新研究中,皮亚诺所创造的符号语言起着十分重大的作用。它能够提供某种帮助,但是我认为,库蒂拉特先生把过大的重要性赋予它,这必定会使皮亚诺本人感到惊讶。

这种语言的基本要素是某些代数记号,它们代表各种连接词:如果、与、或、因此。这些记号也许是方便的,这是有可能的;但是,说它们注定要使整个哲学发生革命,则是另一回事。人们很难相信,当把**如果**这个词写成$\supset$,就能得到把它写成如果时所得不到的好处。皮亚诺的这一发明起初被称之为**通用书写法**(pasigraphy),这就是说,写数学论文的技艺是不用日常语言的一个词。这个名称十分精确地定义了它的范围。后来,由于授予它以**逻辑斯谛**的头衔,它也被提高到比较突出的高贵地位。这个似乎在军事学院使用的词汇,用来称呼高度机动的地面部队的军需军官之技艺、部队行军和驻扎之技艺;但是在这里,不要害怕弄混,马上就可以看到,这个新名称包含着使逻辑发生革命的方案。

我们可以看到布拉利-福尔蒂(Burali-Forti)在题为"论超限

数问题"的数学论文中所使用的新方法，该论文登载在《帕勒莫数学会报告》(*Rendiconti del circolo mathematico di Palermo*)第 XI 卷上。

以谈这篇论文开始是十分有趣的，我在这里之所以把它作为例子举出来，恰恰因为它是用新语言写出的全部论文中最重要的一篇。此外，由于有意大利文的隔行对照译文，未入门者也可以读它。

这篇论文的重要性在于，它给出了在研究超限数时所遇到的自相矛盾的第一个例子，多年来，那些自相矛盾一直使数学家感到绝望。布拉利-福尔蒂说，这篇短文的目的是证明可以存在这样两个超限数(序数)a 和 b，以致 a 既不等于 b，也不大于或小于 b。

为了使读者放心，为了理解紧接着的考虑，读者并不需要知道超限序数是什么。

现在，康托尔精确地证明了，在两个超限数之间，正如在两个有限数之间一样，除了在一种意义或另一种意义上的相等和不等之外，不能有其他关系。但是，我希望在这里讲的，并不是这篇论文的实质；那样会使我离题太远；我只希望考虑形式，而且正好要问，这种形式是否使它获得更多的严格性，从而它是否能补偿强加在作者和读者身上的辛劳。

首先，我们看到布拉利-福尔蒂如下定义数 1：

$$1 = \iota T' \{K \widehat{on}(u,h) \in (u \in Un)\},$$

该定义十分适合于把数 1 的观念给予从来也没有听说过它的人。

我对皮亚诺的学说了解得太差，我不敢冒昧地批评它，但是我仍旧担心这个定义包含着预期理由，这是由于考虑到，我在第一部分看见数字 1 而在第二部分看到字母 Un。

不管怎样，也许布拉利-福尔蒂是从这个定义开始的，在简短的演算之后，便得到方程：

$$1 \in \mathrm{No}, \tag{27}$$

这告诉我们，一是数。

由于我们面对着头一批数的定义，我们回想起库蒂拉特先生也曾定义过 0 和 1。

零是什么？它是空类元素的数。而空类又是什么？它是无元素的类。

用空定义零，用无定义空，这实际上是滥用语言资源；于是，库蒂拉特先生对他的定义进行了改善，并写成：

$$0 = \iota\Lambda : \phi x = \Lambda \cdot \supset \cdot \Lambda = (x \in \phi x),$$

这意味着：零是满足从来也不能满足的条件的事物之数。

可是，鉴于从来也不的意思是**决不**，我看不到有什么大进步。

我赶紧附加说，库蒂拉特先生给出的数 1 的定义是较为满意的。

他说，1 本质上是其中任何二个元素都是恒等的类中的元素之数。

我说过，在这种意义上定义 1 是比较满意的，因为他没有使用一这个词；作为补偿，他使用了二这个词。但是，我担心，如果问什么是二，库蒂拉特先生也许不得不利用一这个词。

VIII

可是，返回到布拉利-福尔蒂的论文上来吧；我已经说过，他的结论与康托尔的结论直接对立。当时，阿达马(Hadamard)先生有一天来看我，话题落在这种致命的自相矛盾上。

我说："在你看来，布拉利-福尔蒂的推理似乎不是无可指责的吗？""不，相反地，我一点也没有发现在康托尔的推理中反对的东西。而且，布拉利-福尔蒂没有权利讲**所有**序数的集合。"

"请原谅，他有权利讲，因为他总是可以设

$$\Omega = T'(\mathrm{No}, \overline{\in} >)。$$

我想知道，是谁妨碍了他，当我们把一个事物叫做 Ω 时，能够说它不存在吗？"

这是徒劳的，我不会相信他(而且，这样做也许糟透了，因为他是正确的)。这仅仅是因为我没有用足够的雄辩术来讲解皮亚诺的学说吗？也许如此；但是，在我们中间，我不认为是这样。

因此，尽管有这种通用书写法工具，问题并没有解决。这证明了什么呢？就问题只是证明数一而言，通用书写法足够了，但是，如果困难摆在面前，如果在解决时存在着自相矛盾之处，通用书写法就变得无能为力了。

第四章 新逻辑

I 罗素的逻辑

要为逻辑的要求辩护，必须改变逻辑。我们看到新逻辑出现了，其中最有趣的是罗素的逻辑。要就形式逻辑写作，他似乎没有什么新东西，仿佛亚里士多德(Aristote)已穷竭了它。但是，罗素划归给逻辑的地盘比经典逻辑的地盘大得无边，他在这个课题上发表了诸多观点，这些观点是有独创性的，同时也是有充分根据的。

首先，罗素把类的逻辑隶属于命题的逻辑，而亚里士多德的逻辑主要是类的逻辑，并把主词与谓词的关系作为它的出发点。经典的三段论，如"苏格拉底(Socrate)是人"等等，让位给假设性的三段论："如果A为真，则B为真；然后，如果B为真，则C为真"，等等。我认为，这是一个最幸运的观念，因为经典三段论很容易归结为假设性的三段论，而相反的变换并非没有困难。

不过，这还不是一切。罗素的命题逻辑是研究连接词**如果**、**与**、**或**以及否定词**非**的组合规律的。

罗素在这里添加了两个其他连接词**与**和**或**，为逻辑开辟了新领域。符号**与**、**或**遵循着与两个记号×和＋相同的规律，即交换律、结合律和分配率。这样一来，**与**就表示逻辑乘，而**或**则表示逻辑加。这也是十分有趣的。

罗素得出结论说，任何假命题都隐含着所有其他真命题或假命题。库蒂拉特先生说，这个结论乍看起来似乎是悖论。不过，只要修改过一篇不好的数学论文，就足以辨认出罗素为何是正确的。论文作者起初往往花费很大的努力，却得到一个假方程；可是，一旦得到方程，他接着积累最惊奇的结果只不过是游玩而已，其中一些甚至可以为真。

II

我们看看，新逻辑比经典逻辑有多么丰富；符号增多了，容许各种各样的组合，**其数目不再受到限制**。人们有权利赋予这种外延以**逻辑**一词的意义吗？审查这个问题，仅仅就这个词找罗素争吵，也许是无用的。同意他的要求吧；但是，如果在该词的旧意义上宣布不能还原为逻辑的某些真实性，现在发现它们在新意义上——在某种截然不同的意义上——能够还原为逻辑，那么不必大惊小怪。

引入了大量的新概念，这些新概念不仅仅是旧概念的组合。罗素知道这一点，他不仅在第一章“命题逻辑”的开头，而且在第二章“类逻辑”和第三章“关系逻辑”的开头，都引入了新名词，他宣称这些名词是无法定义的。

这并非一切；他同样还引入了他宣称是不可证明的原理。但是，这些不可证明的原理诉诸直觉即先验综合判断。当我们在数学专题论文中遇到它们在某种程度上明确地被阐明时，我们认为它们是直觉的；因为逻辑一词的意义扩大了，因为现在我们在《论逻辑》一书中发现了它们，它们就改变了特征吗？**它们没有改变本性，它们只是改变了地位。**

III

能够认为这些原理是伪装的定义吗？因此，总是必须有某种途径证明它们不隐含矛盾。也许还有必要确立，人们把演绎系列无论推进得多么远，他从来也不会面临矛盾。

我们可以尝试如下推理：我们能够证实，适用于免除矛盾的前提的新逻辑的演算只能给出同样免除矛盾的结果。因此，如果在 n 次演算后我们没有遇到矛盾，那么在 $n+1$ 次演算后我们也不会遇到矛盾。这样一来，不可能会有矛盾**开始**的时刻，这表明我们将永远不会遇到矛盾。我们有权利以这样的方式推理吗？没有，因为这样便会被迫使用全归纳法；**要记住，我们迄今还不知道全归纳原理**。

因此，我们没有权利认为这些假定是伪装的定义，在我们看来仅剩下一个源泉，承认直觉对于每一个假定的新作用吧。而且，我相信，这实际上是罗素和库蒂拉特先生的思想。

这样，九个不可定义的概念和20个不可证明的命题（我相信，假如是我计算的话，我还会找到一些）中的每一个，都是新逻辑即广义逻辑的基础，它们预先假定我们的直觉和（为什么不说它？）确实的先验综合判断的新颖的和独立的作用。关于这一点，大家似乎都赞同，但是罗素主张，**在我看来似乎可疑的东西是，在诉诸直觉之后它将到此结束；我们不需要做其他事情，就能够在任何新元素不介入的情况下建立整个数学。**

IV

库蒂拉特先生也常常重复说，这种新逻辑与数的观念完全无关。我不想以计算他的讲解包含多少数词、形容词，例如基数词和序数词，或者像“若干”这样的不定形容词而自娱。不过，我可以引用一些例子：

“**两个**或**多个**命题的逻辑积是……”；

“所有命题只能有**两个**值：真和假”；

“**两个**关系的相对积是一关系”；

“关系存在于**两**项之间”，诸如此类，不胜枚举。

这种不方便有时并不是不可避免的，有时它也是本质的。没有两项，关系就是不可理解的；同时没有关系的两项的直觉，没有注意到项是两个，便不可能有关系的直觉，这是因为，如果关系是可相信的，那么它必然有两项，而且只能有两项。

V　算术

我涉及库蒂拉特先生所谓的**序数理论**，它是严格意义上所谓的算术的基础。库蒂拉特先生以皮亚诺的五个假定开始，正如皮亚诺和帕多阿（Padoa）所证明的，这五个假定是独立的。

1. 零是整数。

2. 零不是任何整数的后续数。

3. 整数的后续数是整数。

此处补充下面一句话也许是恰当的:

每一个整数都有后续数。

4. 如果两个整数的后续数相等,则它们相等。

第五个假定是全归纳原理。

库蒂拉特先生认为,这些假定是伪装的定义;它们由于零公设、后续数公设和整数公设而构成定义。

但是,我们已经看到,由于通过公设而定义是可以接受的,我们必定能够证明,它不隐含矛盾。

在这里,情况果真如此吗?根本不是。

证明不能用**范例**做出。我们不能取一部分整数,例如头三个,证明它们满足定义。

如果我取数列 0,1,2,我看到它满足假定 1,2,4 和 5;但是,要满足假定 3,还必须使 3 是整数,从而数列 0,1,2,3 满足假定;我们可以证明,它满足假定 1,2,4,5,但是假定 3 此外要求 4 是整数,数列 0,1,2,3,4 满足假定,等等。

因此,在没有证明这些假定适合于一切整数的情况下,就不可能证明它适合某些整数;我们必须放弃用范例作为证据。

然后,必须取我们的假定的所有结果,看它们是否不包含矛盾。

如果这些结果为数有限,那么这是很容易的;但是,它们的数目是无限的;它们是整个数学,或至少是全部算术。

于是，该做什么呢？也许严格地说来，我们可重复第 III 节的推理。

但是，正如我们说过的，**这种推理是全归纳法**，恰恰是全归纳原理，它的辩护也许是所讨论之点。

VI 希尔伯特的逻辑

现在，我回到希尔伯特的主要工作上，他向海德堡数学家大会报告了这一成果，其法译文由皮埃尔·布特鲁(Pierre Boutroux)先生翻译，发表在《数学教学》杂志上，由霍尔斯特德(Halsted)翻译的英译文发表在《一元论者》[1]杂志上。在这一包含着深刻思想的工作中，作者的目的类似于罗素的目的，但是在许多论点上，他与他的前辈有分歧。

他说(《一元论者》，第 340 页)："但是，经过细心考虑，我们开始意识到，在逻辑定律的通常阐明中，已经使用了算术的某些基本概念，例如，集的概念，也部分地使用了数的概念。

"我们就这样陷入循环论证之中，因此要避免悖论，必须部分地使逻辑和算术的定律同时发展。"

上面我们已经看到，希尔伯特是**在通常的阐明中**谈逻辑原理的，这同样适用于罗素的逻辑。这样一来，就罗素而言，逻辑是先于算术的；对希尔伯特来说，它们却是"同时的"。进而我们将发现，在其他方面差别还很大，当我们遇到这些差别时，我们将指出

① "逻辑和算术的基础"，《一元论者》(*Monist*)XV.，338—352。

它们。我宁可一步一步地追踪希尔伯特思想的发展,同时按原文引用最重要的段落。

"让我们首先把思想物1(一)作为我们考虑的基础。"(第 341 页)请注意,在这样做时,我们一点也没有隐含数的概念,因为可以认为,1 在这里仅仅是一个符号,我们根本不去试图了解它的意义。"把这个思想物与其本身分别两次、三次或多次地合在一起……"啊!这时情况不再一样了;如果我们引入了"二"、"三",尤其是"多"、"若干"这些词,那么我们就引入了数的概念;于是,我们现在将发现的有限整数的定义来得太迟了。我们的作者想得太周到了,他察觉到用未经证明的假定来辩论。因此,在这篇报告的末尾,他力图继续真正的修补工序。

希尔伯特接着引入两个简单的对象 1 和 =,并考虑这两个对象的所有组合以及它们的组合的组合等等。不言而喻,我们必须忘却这两个记号通常的意义,而且不赋予它们以任何意义。

此后,他把这些组合分为两类,即存在类和非存在类,进而还指令这种分法是完全任意的。每一个肯定陈述都告诉我们,某一组合属于存在类;每一个否定陈述都告诉我们,某一组合属于非存在类。

VII

现在,注意一下一个至关重要的差别。在罗素看来,无论什么对象——他用 x 表示这个对象——都是绝对不确定的对象,他就此没有做任何假定;在希尔伯特看来,它就是由符号 1 和 = 所形成的组合之一;他不能设想引入已经定义的对象的组合之外的任何东西。而且，希尔伯特以最简洁的方式阐述他的思想，我认为我必须充分地重述他的陈述(第 348 页)：

“在假定中，任意物(相当于通常逻辑中的‘每一个’和‘所有’概念)只表示那些思想物和它们的相互组合，在这个阶段，它们作为基本的东西被拟定下来，或者以新的方式被定义。因此，在从假定出发所进行的演绎推理中，在假定中出现的任意物只能用这样的思想物和它们的组合来代替。

我们也必须及时地回想起，通过添加物和使新的思想物成为基本的东西，先前的假定的有效性扩大了，而且在必要之处，它们按照这个意义经受了变化。”

与罗素观点的对照是一目了然的。对于这位哲学家来说，我们不仅可以用已知的对象，而且可以用任何东西代替 x。

罗素对他的观点满怀信心，这就是理解的观点。他从存在的一般观念开始，通过添加新质使它愈来愈丰富，同时对它加以限制。相反地，希尔伯特只是把已知的对象的组合认为是可能的存在；结果(只要看看他的思想的一个方面)，我们可以说，他采取外延的观点。

VIII

让我们继续阐释希尔伯特的观念。他引入两个假定，并用他的符号语言陈述它们，但是若用未入门的语言表示则为：每一个质都等于其自身，在两个恒等的量上所进行的每一个运算都给出恒等的结果。

这样陈述,它们倒是明显的,但是如此阐述它们便会歪曲希尔伯特的思想。在他看来,数学只是必须把纯粹的符号结合起来,真正的数学家应该依靠它们推理,而不应该对它们的意义怀有偏见。因此,对他来说,他的假定就不是常人认为的那个样子。

他认为它们是用符号(=)的公设所描述的定义,该符号迄今还没有任何意义。但是,为了给这个定义辩护,我们必须表明这两个假定没有导致矛盾。为此,希尔伯特利用了我们第 III 节的推理,似乎并没有察觉他正在利用全归纳法。

IX

希尔伯特的论文的结尾完全是莫名其妙的,我不想去强调它。矛盾堆积着;我们感到作者模糊地意识到他所犯的预期理由的错误,他徒劳地试图去修补他的论据中的漏洞。

这意味着什么呢?在证明通过全归纳假定定义整数并不隐含矛盾这一点上,希尔伯特像罗素和库蒂拉特一样地退却了,因为困难太大了。

X 几何学

库蒂拉特先生说,几何学是一个庞大的学说体系,全归纳原理并没有进入其中。这在某种程度上是真的;我们不能说它完全缺席,但却是很轻微地进入的。如果我们提及霍尔斯特德博士按照希尔伯特原理所建立的**有理几何学**(New York, John Wiley and

Sons,1904),那么我们在第 114 页首次看到归纳原理进入了(除非我疏忽出错,这是十分可能的)。[①]

确实,几何学仅仅在几年前似乎还是直觉统治的领域,这是无可争议的,今天它是逻辑学家似乎在其中大获全胜的王国。没有什么东西能够更好地衡量希尔伯特的几何学著作的重要性以及它们给我们的概念留下的深刻印记。

但是切勿弄错。几何学的基本定理归根结底是什么呢?它就是,几何学的假定不隐含矛盾,我们不能在没有归纳原理的情况下证明这一点。

希尔伯特如何证明这一本质之点呢?他依靠解析,通过解析而依靠算术,通过算术而依靠归纳原理。

如果人们无论何时发明另外一种证明,那么还必须依靠这个原理,因为假定——有必要表明它们不矛盾——的可能结果为数无限。

XI　结论

我们的结论径直是,归纳原理不能被视为整个世界的隐蔽的定义。

这里有三个真理:(1)全归纳原理;(2)欧几里得公设;(3)磷在 44°熔化的物理学定律(勒卢阿〔Le Roy〕先生引用的)。

这些据说是三个伪装的定义:第一个是整数的定义;第二个是

① 第二版,1907 年,第 86 页;法文版,1911 年,第 97 页。——G. B. 霍耳斯特德注

直线的定义；第三个是磷的定义。

对于第二个我赞同上述说法，对于其他两个我不承认它。我必须说明这种表面不一致的理由。

首先，我们看到，定义只有在它不隐含矛盾的条件下才是可接受的。我们同样已表明，对于第一个定义而言，这种证明是不可能的；另一方面，我们刚好回想起，希尔伯特对于第二个定义给出了完备的证据。

至于第三个定义，它显然不隐含矛盾。这意味着定义保证——正如它应该保证那样——被定义的对象的存在吗？在这里，我们不再处于数学科学领域，而是处于物理科学领域，存在这个词不再具有相同的意义了。它不再表示没有矛盾；它意指客观的存在。

你已经看到我在三个案例之间做出区分的第一个理由；还有第二个理由。在应用中，我们必须明白这三个概念，它们是以这三个公设定义的样子呈现在我们面前的吗？

归纳原理的可能的应用是不可胜数的；例如，举一个我们在上面已经详述的应用吧，在那里，人们企图证明，假定的集合不能够导致矛盾。为此，我们考虑一个三段论系列，我们可以从这些作为前提的假定出发将其继续进行下去。当我们完成了第 n 个三段论时，我们发现我们还能够做出另一个三段论，这就是第 $n+1$ 个三段论。于是，数 n 足以算做是相继运算的系列；它是通过逐次相加可以得到的数。因此，这是我们可以通过**逐次相减**而复归为 1 的数。显然，假如我们有 $n=n-1$，则我们不能做到这一点，因为此时做减法，我们总会再次得到相同的数。因此，我们被导致考虑这

个数 n 的方式隐含着有限整数的定义，这个定义如下：有限整数是能够通过逐次相加而得到的数；n 不等于 $n-1$ 就是这样。

承认这一点后，我们做什么呢？我表明，如果直到第 n 个三段论都没有矛盾，那么到第 $n+1$ 个三段论将不再有矛盾，而且我们得出将永远没有矛盾的结论。你说：我有权得出这个结论，因为根据定义，整数是就其而言同样的推理是合法的数。但是，这样便隐含着整数的另一种定义，该定义如下：整数是我们可以依赖其进行递归推理的数。在特定的案例中，情况正是如此，我们可以说，如果直到其次数的项目为整数的三段论没有矛盾，与此相随，其数目为下一个整数的三段论也没有矛盾，那么我们就用不着担心其数目是整数的任何次数的三段论有矛盾。

两个定义不是恒等的；它们无疑是等价的，但只有借助于先验综合判断；我们不能通过纯粹的逻辑程序从一个过渡到另一个。因此，在借助于预先假定第一个定义而引入整数之后，我们没有权利采纳第二个定义。

另一方面，关于直线发生了什么呢？我已经多次说明过这一点，以致犹豫地再次重述它，我将限于扼要地概述一下我的思想。正如在先前的案例中那样，我们没有两个在逻辑上相互可还原的等价定义。我们只有用词可表达的定义。因为我们有直线的直觉，或者因为我们能够想像直线，就可以说存在着我们只能意会而不能言传的另一个定义吗？首先，我们不能在几何学空间想像它，而只能在表象空间想像它，其次，我们正好能够同样地想像这样一些对象：它们具有直线的其他特性，却不具有满足欧几里得公设的特性。这些对象是“非欧直线”，从某种观点来看，非欧直线并不是没有意义的实体，而是与某个球面正交的圆（真实空间的真实圆）。在这些同样能够描述的对象中，如果我们把前者（欧几里得直线）叫做直线，而不把后者（非欧直线）叫做直线，这恰恰是通过定义。

最后到达第三个例子，即磷的定义，我们看到，真正的定义也许是：磷是我在那边的烧瓶中看到的一些物质。

XII

既然我论及这个论题，不妨再说一说。我讲过磷的例子："这个命题是真正的可证实的物理学定律，因为它意味着，除熔点外，具有磷的其他一切特性的物体都像磷一样在44°熔化。"有人反问："不，这个定律不是可证实的，因为如果表明，两个类似于磷的物体，一个在44°熔化，而另一个在50°熔化，那无疑总是可以说，除了熔点之外，还有某种把它们区别开来的其他未知的性质。"

这完全不是我想要说的话。我应当写道："所有具有如此这般的为数有限的特性的物体（即是化学书上所讲的磷的特性，熔点除外）都在44°熔化。"

要使直线的案例和磷的案例之间的差别变得更明显，还要多做一些评论。直线在自然界中具有许多或多或少不完善的图像，其主要的图像是光线和固体的旋转轴。假定我们发现光线并不满足欧几里得公设（例如由于证明恒星具有负视差），我们将怎么办呢？或者，按照定义直线是光的轨迹，而它并不满足该公设，或者相反，按照定义直线满足该公设，而光线却不是直线，我们将得出这样的结论吗？

确实,我们可以自由地采纳这个或那个定义,从而自由地采纳这个或那个结论;但是,采纳前者也许是愚蠢的,因为光线恐怕不仅不完全满足欧几里得公设,而且不完全满足直线的其他性质,以致如果它偏离欧几里得直线,那么它也偏离直线的另一个不完善的图像,即固体旋转轴;而最后,它无疑会经受变化,以致昨天还是直线的线明天将不再是直线了,倘使某一物理环境变化了的话。

现在,假定我们发现磷不在44°熔化,而在43.9°熔化。我们能得出结论说,磷按定义是在44°熔化的,而我们称之为磷的这个物体不是真正的磷,或者相反,磷是在43.9°熔化的吗？在这里,我们再次自由地采纳这个或那个定义,从而自由地采纳这个或那个结论;但是,采纳前者也许是愚蠢的,因为每当我们确定了磷的熔点的一个新的小数时,我们不能改变物质的名字。

XIII

总而言之,罗素和希尔伯特各自都做出了强有力的努力;他们每一个都写出了充满有独到见解的、深刻的、往往是有充分理由的论著。这两篇论著向我们提供了许多可供思考的问题,我们从中可以学到许多东西。在他们的结果中,一些结果,甚至许多结果,都是牢靠的,注定会长存下去。

但是,要说他们最终解决了康德和莱布尼兹之间的争论,并摧毁了康德的数学理论,显然是不正确的。我不知道他们是否真的相信他们做到了这一点,不过,假若他们自信如此,那他们可就想错了。

第五章　逻辑学家的最新成果

I

逻辑学家试图回答前面所考虑的事情。为此，有必要改造逻辑斯谛，特别是罗素，在某些方面修改了他的有独创性的观点。由于没有涉及争论的细节，我乐于回到两个对我的心智来说是最重要的问题：逻辑斯谛的法则证明它们富有成效和确实可靠吗？它们真的提供了一点也不求助直觉而证明全归纳原理的手段吗？

II　逻辑斯谛的确实可靠

关于富有成效的问题，似乎库蒂拉特先生存有天真的幻想。在他看来，逻辑斯谛给发明提供了“高跷和翅膀”，在下一页这样写道：“十年前，皮亚诺出版了他的《公式汇编集》第一版。”翅膀已经提供十年了，而结果还未涌现出来，怎么会那样呢！

我极为敬重皮亚诺，他做了好多事（例如他的“填满空间的曲线”，也许现在被抛弃了）；但是，与大多数无翼的数学家相比，他毕竟没有飞得更远、更高、更快，他同样只不过是徒步行进而已。

相反地，我看到逻辑斯谛只是给发明家套上了镣铐。它无助于简洁——与之相距甚远，如果确立 1 是数需要 27 个方程，那么要证明真正的定理需要多少方程呢？如果我们和怀特海(Whitehead)一起，把个体 x 分为唯一的数即 x 的类，然后分为其唯一的数即其唯一的数是 x 的类的类，我们称前者为 ιx，称后者为 $\iota\iota x$，尽管这些分类也许是有用的，你认为它们能够大大加快我们的步调吗？

逻辑斯谛迫使我们说出通常听任被理解的一切；它使我们一步一步地行进；这也许更有把握，但却比较缓慢。

你们逻辑学家给我们的不是翅膀，而是幼儿学步用的牵引带。于是，我们有权利要求这些牵引带防止我们跌倒。这将是他们的唯一借口。当债券不生大量利息时，对于一家之长来说，它至少应当是一种投资。

应该盲目地遵循你们的法则吗？是的，要不然，只有直觉能够使我们在它们之中进行区分；不过，它们必须是确实可靠的；因为只有在确实可靠的权威面前，人们才能够盲信。因此，对你们来说，这是必要的。或者你们将是确实可靠的，或者根本不是。

你们没有权利对我们说："的确我们犯了错误，但是你们也错了。"对我们来说，错误是不幸的，是极大的不幸；对你们来说，这是自取灭亡。

你们也不可以反问：算术的确实可靠防止了加法的错误吗？运算法则是确实可靠的，可是我们看到这些错误在于**他们没有应用这些法则**；但是，在检验他们的运算时，立即可以看到他们错在何处。在这里，情况根本不是这样；逻辑学家**应用了**他们的法则，而他们还是陷入矛盾之中；这是如此真实，以致他们正准备改变这些法则,并“牺牲类的概念”。假如这些法则是确实可靠的,那为什么要改变它们呢?

你们说:“并未答应我们立即解决一切可能问题的请求。”嗬,我们没有向你们要求这么多的东西。假如你们对面临的问题**没有**给出答案,我们当然无话可说;可是,相反地,你们给我们**两个**答案,这些答案是矛盾的,从而至少一个是假的;正是这一点,才是失败之所在。

罗素企图调和这些矛盾,在他看来,这只能“通过限制甚或牺牲类的概念”来完成。库蒂拉特先生在发现他的尝试的成就时补充说:“在其他人失败的地方,如果逻辑学家成功了,那么彭加勒先生将忆及此语,并把解答的荣誉给予逻辑斯谛。”

但是,非也! 逻辑斯谛存在着,它有它的法典,这个法典已推出四个版本;或者更恰当地讲,这个法典就是逻辑斯谛本身。罗素先生正在准备证明两个矛盾的推理中至少有一个违背了法典吗?一点也没有;他正在准备改变这些定律,并取消若干定律。如果他成功了,我将把解答的荣誉给予罗素的直觉,而不给予皮亚诺的逻辑斯谛——他将取消逻辑斯谛。

III 矛盾的特许权

对逻辑斯谛中采用的整数的定义,我提出了两个原则性的反对理由。库蒂拉特先生就第一个反对理由说了些什么呢?

在数学中,**存在**一词意味着什么呢?我说,它意味着摆脱了矛盾。库蒂拉特先生对此发生争执。他说:“逻辑的存在是与没有矛盾完全不同的另一种东西。它在于类不是空的这一事实。”说 a 存在，按定义即是断言类 a 非空。

无疑地，断言类 a 非空，按定义就是断言 a 的存在。如果两个断言既不表示人们可以看见或触到 a 的存在——这是物理学家或博物学家赋予它们的意义，也不表示人们可以在不引入矛盾的情况下构想 a——这是逻辑学家和数学家赋予它们的意义，那么这两个断言中的一个像另一个一样，便被剥光了意义。

在库蒂拉特先生看来：“不是无矛盾证明存在，而是存在证明无矛盾。”因此，要确立类的存在，就必须用**范例**确立存在着属于这个类的个体：“但是，有人会说，如何证明这个个体的存在呢？为了可以推导出个体作为其一部分的类的存在，难道没有必要确立这个存在吗？好了，有必要；不管这一主张多么自相矛盾，我们永远无法证明个体的存在。个体正因为它们是个体，才总是被视为存在者……我们从未表达个体存在着，绝对地讲，只不过从未表达它在类中存在。”库蒂拉特先生发现他自己的主张是自相矛盾的，他肯定将不是唯一的人。不过，该主张必须有意义。这无疑意味着，个体——它单独地在世界上，我们对它未做任何断言——的存在不能包含矛盾；就个体是单独的而言，它显然不包容任何矛盾。好了，就让它是这样吧；“绝对地讲”，我们将姑且承认个体的存在，不过仅此而已。依然要证明个体“在类中”存在，为此总是有必要证明断言“属于这样的类的这样的个体”自身内既不矛盾，也不与所采用的其他公设矛盾。

库蒂拉特先生继续说：“因此，坚持认为只有我们先证明定义没有矛盾，定义才是有效的，这种看法是专断的和误入歧途的。”人们不应该以比较自豪和比较有力的言词主张矛盾的特许权。“无论如何，提出证据的责任落在了那些认为这些原理是矛盾的人的身上。”在相反的东西被证明之前，人们假定公设是可以和谐共存的，正如在未拿到证据之前，假定被告无罪一样。不用说，我不同意这种主张。但是，你们说，你们要求我们的证明是不可能的，你们不能要求我们跳过月亮。请原谅我；对你们来说那是不可能的，但是对我们来说并非不可能，由于我们承认归纳原理是先验综合判断。这个原理对你们与对我们一样，恐怕都是必要的。

为了证明公设系统不隐含矛盾，就必须应用全归纳原理；这个推理模式对于该系统来说不仅没有什么“稀奇古怪”之处，而且它是唯一正确的模式。并非“靠不住的”是，它一直被利用着；要找到它的“范例和先例”并不难。我引用过两个这样的例子，都是从希尔伯特的文章中借来的。他并不是利用这个推理模式的唯一的人，没有这样做的人是错误的。我责备希尔伯特的原因并不在于他求助于该模式（像他这样一个天生的数学家不可能看不见证明是必要的，而且只有这一种证明是可能的），而在于他在不承认递归推理的情况下求助于它。

IV 第二个反对理由

我指出了希尔伯特文章中的逻辑斯谛的错误。今天，希尔伯特被逐出教会，库蒂拉特先生不再认为他是逻辑斯谛的狂热信徒；于是他问，我是否在正统宗教中发现了同样的缺点。没有，在我读过的书页中，我没有看到什么缺点；我不知道在他们所写的 300 页的论著中我是否能够找到缺点，我并不期望读这些东西。

不过，当我们希望应用数学时，他们必定会犯这种毛病。这门科学没有把对它自己的核心的永久沉思作为唯一的目标；它与自然有关系，某一天它将涉及自然。于是，它必须摆脱纯粹字面的定义，停止开空头支票。

回到希尔伯特的例子上来吧：争论之点总是递归推理和了解公设系统是否没有矛盾的问题。库蒂拉特先生无疑会说，此刻这并没有涉及他，但是它也许将引起像他一样不主张矛盾特许权的人的注意。

如上所述，我们希望确立，无论在多少次演绎之后，只要这个数是有限的，我们将永远不会遇到矛盾。为此，必须应用归纳原理。按定义，归纳原理要应用到每一个数上，我们在这里能够通过有限的数来理解每一个数吗？显然不能，否则我们便不得不导致最使人为难的结果。为了有权利建立一个公设系统，我们必须肯定它们不是矛盾的。这是**大多数**科学家都承认的真理；在读库蒂拉特先生的最近的文章之前，我**无论如何**应该记下这一点。但是，这表示什么呢？这意味着我们必须确信在**有限**数的命题之后不遇见矛盾吗？所谓**有限**数，按定义是具有递归性质的一切特征的数，这样一来，如果缺乏这些特征之一——例如，假如我们碰见矛盾——我们将**一致**说，所考虑的数不是有限的。换句话说，我们意味着我们必须确信不遇到矛盾吗？其条件是，在正要碰到矛盾时，我们一致同意停下来。陈述这样的命题就足以宣布它不适用了。

这样一来，希尔伯特的推理不仅采取了归纳原理，而且它假定这个原理不是作为简单的定义，而是作为先验综合判断给予我们。

总而言之：

证明是必要的。

唯一可能的证明是递归证明。

只有我们承认归纳原理，只有我们认为它不是作为定义，而是作为综合判断时，这才是合法的。

V　康托尔二律背反

现在，审查一个罗素的新专题论文。这篇论文是为了战胜已经频繁提到的**康托尔二律背反**所引起的困难而写的。康托尔以为他可以构造无穷的科学；其他人沿着他开辟的道路前进，但是他们不久就与不可思议的矛盾相撞。这些二律背反已经很多，但最显著的是：

1. 布拉利-福尔蒂二律背反；

2. 策默罗-柯尼希(Zermelo-Kønig)二律背反；

3. 理查德(Richard)二律背反。

康托尔证明了，序数(所讨论的问题是超限序数，这是他引入的新概念)能够按线性级数排列；也就是说，两个不相等的有限序数中，一个总是小于另一个。布拉利-福尔蒂证明情况相反；事实上，他本质上是说，如果人们能把**所有的**序数按线性级数排列，这个级数便会确定一个序数大于**所有的**其他序数；此后，我们可以加上1，再次得到一个还会**更大的**序数，这是矛盾的。

稍后，我们将回到策默罗-柯尼希二律背反，它具有稍微不同的性质。理查德[①]二律背反如下所述：考虑一下用有限个数的词可以定义的所有十进制数；这些十进制数形成一个集合 E，很容易看到，这个集合是可数的，也就是说，我们能够从 1 到无穷给这个集合中的各个十进制数编号。设编号已完成，且如下定义数 N：若集合 E 中的第 n 个数的第 n 位是

$$0,1,2,3,4,5,6,7,8,9,$$

则 N 的第 n 位将是

$$1,2,3,4,5,6,7,8,1,1。$$

正如我们看到的，N 不等于 E 的第 n 个数，而且当 n 是任意的时，N 不属于 E，但 N 却应该属于这个集合，因为我们是用有限个数的词定义它的。

我们不久将看到，理查德先生本人以其远见卓识对他的悖论做了说明，这个说明在细节上做了必要的修正后，延伸到其他同类的悖论。罗素还引用了另一个十分逗人的悖论：**不能用少于 100 个英语单词组成的语句定义的最小整数是什么**？

这个数是存在的；事实上，用同类语句能够定义的数显然是为数有限的，因为英语词在数目上不是无限的。因此，在它们之中，将有一个数小于其他一切数。另一方面，这个数不存在，因为它的定义隐含着矛盾。事实上，这个数是用斜体字语句定义的，该语句由少于 100 个英语单词组成；按照定义，这个数不能用同类的语句定义。

① 《科学综合评论》(*Rerue général des sciences*)，1905 年 6 月 30 日。

VI 锯齿形理论和无类理论

面对这些矛盾，罗素先生的态度如何？在分析了我们刚才讲过的那些矛盾并引用了其他矛盾后，在给予它们以使埃庇米尼得斯(Epiménides)[①]苏醒的形式后，他毫不迟疑地得出结论说："一个变元的命题函数并非总是决定类。"命题函数（也就是说定义）并非总是决定类。"命题函数"或"范数"可以是"非断言的"。这并不意味着这些非断言命题决定空类、零类；这并不意味着不存在满足定义且能够是该类中元素之一的 x 的值。这些元素存在着，但是它们没有权利结合成一个联合体而形成类。

但是，这仅仅是开始，还需要知道如何辨认一个定义是否是断言的。为了解决这个问题，罗素在他命名的以下三种理论之间犹豫不决：

A. 锯齿形理论；

B. 限制大小理论；

C. 无类理论。

按照锯齿形理论，"当定义（命题函数）十分简单时，它们便决定类，只有在它们是复杂的和含糊的情况下，它们才不再如此。"现在，谁来决断定义是否可以认为是简单的，足以受到人们的欢迎呢？关于这个问题，还没有答案，尽管没有人诚恳地供认对此完全

① 埃庇米尼得斯(创作时期公元前六世纪?)是克里特预言家、著名作家，写有宗教作品和诗。关于他的长寿(157/299 岁)、他睡了 57 年的神奇睡眠以及灵魂离体漫游的故事，使有些学者认为他是萨满教徒一类的传奇人物。——中译者注

无能为力:“能使我们辨认这些定义是否是断言的法则恐怕是极其复杂的,它们不能以任何似乎可能的理由毛遂自荐。这是一种缺陷,它可以通过独出心裁或利用还没有指出的差别来补救。但是,迄今在寻找这些法则的过程中,除免去矛盾外,我还不能发现任何其他的指导原则。”

因此,这种理论依然是很含糊的;在这个暗夜中,只有一线光明——锯齿形这个词。罗素所谓的“锯齿形”,无疑是把埃庇米尼得斯论据区别开来的特征。

在限制大小的理论看来,如果类过分被延伸,它就不可能有存在的权利了。也许它是无限的,可是它也不应该如此之多。不过,我们总会再次遇到同样的困难;在哪一个精确的时刻,它开始变得如此过多呢?当然,这个困难未被解决,于是罗素转到第三种理论。

在无类理论中,他不许讲“类”这个词,这个词必须用各种迂回的说法来代替。对于仅仅讨论类和类之类的逻辑斯谛来说,这是多么大的变化啊!有必要开始改造整个逻辑斯谛。试设想一下,若禁止逻辑斯蒂在其中是类的问题的所有命题,那么如何看待逻辑斯谛的专页呢。在这些空虚的专页当中,只会留下一些散乱的残余。粗野的开拓性工作定位在混乱的荒原上。

尽管情况可能是这样,我们看到罗素如何犹豫不决,他如何把他迄今采纳的基本原理提交修正。需要有标准来裁决一个定义是否太复杂或太广泛,这些标准只能够诉诸直觉来辩护。

罗素最后倾向的正是无类理论。尽管情况可能是这样,还必须改造逻辑斯谛,不清楚的是,其中的多少能够被拯救。不用再说，唯有康托尔主义和逻辑斯谛处于考虑之列；对于某些事物有用的真正的数学可以按照它自身的原则继续发展，而不必为在它之外掀起的风暴伤脑筋，它由于其平常所取得的成就而一步一步地前进着，这些成就是决定性的，从来也不会被抛弃。

VII　真实的答案

在这些不同的理论中，我们应当选择什么呢？在我看来，答案似乎包含在我上面讲过的理查德先生的信中，该信可在 1905 年 6 月 30 日的《科学综合评论》上找到。在提出了我们所谓的理查德二律背反后，他对它作了说明。请回忆一下，我们已经说过这个二律背反。E 是能用有限个数的词定义的所有数的集合，**但并未引入集合 E 本身的概念**。

现在，我们用有限个数的词定义了 N，不过确实是借助集合 E 的概念定义的。这就是 N 不是 E 的一部分的原因。在理查德先生挑选的例子中，结论是以十分明显的方式呈现出来的，在查阅该信本身的文本时，这种明显性好像还是很强烈的。不过，同一说明也适用于其他二律背反，这一点很容易证实。因此，**可以被视为非断言的定义是包含循环论证的定义**。以前的例子充分地表明我就此意味的东西。这就是罗素所谓的“锯齿形”吗？我提出这个问题，但不想回答它。

VIII　归纳原理的证明

现在，让我们审查一下自称的归纳原理的证明，尤其是怀特海和布拉利-福尔蒂的证明。

首先，我们将谈谈怀特海的证明，并且利用一下罗素在他的最近的论文中所恰当地引入的某些新术语。所谓**递归类**，即是每个类都包含零，而且若它包含 n，则也包含 $n+1$。所谓**归纳数**，即是每个数都是**所有**递归类的一部分。在怀特海的证明中起主要作用的这一后来的定义，在什么条件下是“断言的”，从而是可以接受的呢？

按照已经讲过的东西，关于**所有**递归类，必须理解为归纳数概念没有进入其定义中的所有类。否则，我们将再次陷入产生二律背反的循环论证之中。

现在，**怀特海没有采取这种预防措施**。因此，怀特海的推理是靠不住的；正是同一推理导致了二律背反。当它给出假的结果时，它就是不合法的；在由于机遇而导致出真的结果时，它依然是不合法的。

包含着循环论证的定义什么也未定义。下述说法是无用的：我们确信，不管我们给我们的定义赋予什么意义，至少零属于归纳数的类；问题并不在于了解这个类是否是空的，而在于它是否能够被严格地划界。“非断言的”类并不是空类，而是其界限没有决定的类。毋庸赘言，这个特殊的反对理由依然使适用于所有证明的普遍反对理由有效。

IX

布拉利-福尔蒂给出另一种证明。[1] 但是,他被迫假定两个公设:第一,至少总是存在着一个无限类。第二个是这样表述的:

$$u \in K(K - \iota\Lambda) \cdot \supset \cdot u < \upsilon' u。$$

第一个公设并不被已证明的原理更明显。第二个不仅不明显,而且如怀特海已证明的,它为假;此外,任何新手都能一眼看出这一点,倘若公理是用可理解的语言陈述的话,因为它意味着,用几个对象能够形成的组合数小于这些对象数。

X　策默罗的假定

策默罗所作的著名证明依据下述假定:在任何集合中(或者在集合的集合物的每一个集合中亦可),我们总是能够**随意地**选取一个元素(即使集合的这个集合物可能包含着无限的集合)。这个假定已被应用了无数次而没有陈述,但是一旦陈述出来,就发生了疑问。有些数学家,例如波莱尔(Borel)先生坚持反对它;另一些数学家则赞美它。让我们根据罗素最近的文章看一看,他是怎样思考它的。他没有讲出结果,但是他的思考却十分富有启发性。

首先,举一个形象化的例子:设我们有整数那么多双鞋,这样我们便能够从 1 到无限给**双**编号,我们将有多少鞋呢?鞋的数目

① 在他的文章“有限类”中,《都灵学报》(*Atti di Torino*),第 32 卷。

将等于双的数吗？如果在每一双鞋中，右脚鞋与左脚鞋可以区分，情况就是如此；事实上，只要我们把数 $2n-1$ 给予第 n 双鞋的右脚鞋，把数 $2n$ 给予第 n 双鞋的左脚鞋就足够了。如果右脚鞋与左脚鞋正好一样，情况就不同了，因为类似的操作变得不可能了——除非我们承认策默罗的假定，由于这时我们可以**随意地**在每一双鞋中选取被看做是右脚鞋的鞋。

XI　结论

真正建立在分析逻辑原理基础上的证明将由一系列的命题组成。一些原理作为前提将是恒等式或定义；另一些将从前提一步一步地推导出来。但是，尽管每一个命题和紧接着的命题之间的结合物是直接自明的，好像也无法一眼看到我们是如何从开头到达最后的，于是我们可能被诱使把最后的东西看做是新的真理。不过，如果我们相继用其定义来代替不同的表述，如果这种操作进行得尽可能远，那么最终将仅仅留下恒等式，从而一切都将还原为庞大的同义反复。因此，逻辑依然是无结果的，除非我们通过直觉使之富有成效。

这是我很久之前写的东西；逻辑斯谛所持的意见相反，并认为通过实际证明新真理而证明了它。用什么手法呢？在把刚刚描述的程序用于新真理的推理时，即用它们的定义代替所定义的名词时，我们为什么看不见它们像通常的推理那样分解为恒等式呢？正是因为这种程序无法应用于它们。为什么不能应用呢？因为它们的定义不是断言的，呈现出我上面已指出的这种隐藏的循环论证；非断言的定义不能代替所定义的名词。在这些条件下，**逻辑斯谛不是不结果的，它产生二律背反**。

正是对于实无穷存在的相信，诞生了这些非断言的定义。让我说明一下。在这些定义中，出现“所有”一词，这在上面引用的例子中已经看到。当“所有”一词是无限数目对象的问题时，它具有十分精确的意义；当对象为数无限时，要具有另一种意义，还要求存在实（给定的完备的）无穷。要不然，**所有**这些对象都不能看做是先于它们的定义的公设性的东西，再者，如果概念 N 的定义依赖于**所有**对象 A，它就可能受到循环论证的影响，即使在概念 N 本身没有介入的情况下在对象 A 中一些是无法下定义的。

形式逻辑的法则仅仅表达所有可能分类的性质。但是，要使它们可以应用，那就必须使这些分类是永远不变的，而且我们在推理的过程中无须修正它们。如果我们只是把有限数目的对象加以分类，那么就很容易保持我们的分类不变。如果对象为数**无限**，也就是说，如果人们不断地面临发现新对象，未曾料到的对象产生了，那么便可能发生这样的情况：新对象的出现可能要求修正分类，从而使我们面对二律背反。**不存在实（给定的完备的）无穷**。康托尔主义者忘记了这一点，他们陷入了矛盾之中。的确，康托尔主义是有用处的，但是这只有在应用于其名词已被严格定义的真实问题中才行，于是我们能够毫不畏惧地前进。

像康托尔主义者一样，逻辑斯谛也忘记了这一点，而且碰到了同样的困难。但是，问题是要知道，他们是偶然地走上这条道路呢，还是受到必然性的驱使呢。在我看来，该问题是无可怀疑的；在罗素的逻辑中，对于实无穷的确信是基本的东西。正是这一点，把它与希尔伯特的逻辑区分开来。希尔伯特采取广延的观点，正是为了避免康托尔主义的二律背反。罗素采取理解的观点。因此，在他看来，种先于属，而最高种则先于一切。如果最高种是有限的，那不会有不方便之处；但是，如果它是无限的，那就必须以无限作为公设，也就是说，认为无限是实(给定的完备的)无穷。我们没有唯一的无穷类；当我们用新条件限制概念，从种到达属时，这些条件还是为数无限的。因为它们一般表示，所设想的对象呈现出与无穷类的所有对象如此这般的关系。

但是，那是古老的历史。罗素已觉察到危险，并采取了对策。他正准备改变一切，这是很容易理解的，他不仅准备引入新原理——这些原理将容许以前禁止的操作，而且准备禁止他先前认为合法的操作。他不满足于崇拜他所烧毁的东西，他正准备烧毁他所崇拜的东西，这一点更为严肃。他没有给建筑物添加新的侧厅，他挖掘它的基础。

旧逻辑斯谛死去了，锯齿形理论和无类理论就继承权问题正在进行的争论已经达到如此程度。至于评价新理论，我们将要等待它到来。

第　三　编

新　力　学

第一章　力学和镭

I　引言

自牛顿以来，动力学的普遍原理被认为是物理科学的基础，看来好像是不可动摇的，它们即将被抛弃或至少要被彻底地修正吗？数年来，这是不少人扪心自问的问题。在他们看来，镭的发现推翻了我们认为是最牢固的科学教条：一方面是金属不可能嬗变；另一方面是力学的基本公设。

也许人们过于匆忙地认为，这些新奇的东西最终确立了，并且正在打破我们昨天的偶像；在袒护之前，等待更多、更可信的实验也许是恰当的。从现在开始，还是有必要了解一下新学说和新论据，他们所依据的这些东西是十分有分量的。

首先，让我们用几句话回顾一下那些基本原理，它们是：

A. 孤立的、不受所有外力作用的质点的运动是匀速直线运动；这是惯性原理：没有力便没有加速度。

B. 运动质点的加速度与它所受到的所有力的合力具有相同的方向；它等于这个合力与称之为运动质点的**质量**的系数之商。

这样定义的运动质点的质量是常数；它不依赖于这个质点所获得的速度；不管该力平行于这个速度还是垂直于这个速度，质量都一样，若力平行于速度，它仅有助于使质点的运动加速或延缓，相反地，若力垂直于速度，它有助于使运动偏向右边或左边，也就是说使轨道**弯曲**。

C. 作用在质点上的所有力都来自其他质点的作用；它们仅取决于这些不同质点的**相对**位置和速度。

把两个原理 B 和 C 结合起来，我们就达到**相对运动原理**，由于这个原理，一个系统的运动定律是相同的，不管我们使这个系统参照于固定轴，还是参照于以匀速直线平动的运动轴，于是不可能把绝对运动和关于这个运动轴的相对运动区别开来。

D. 如果质点 A 作用于另一个质点 B，那么物 B 便反作用于物 A，这两个作用是两个大小相等方向相反的力。这是**作用和反作用相等原理**，或更简短些，是**反作用原理**。

天文观察和最普通的物理现象似乎完美地、经常地、十分精确地确认了这些原理。现在据说，这是真的，不过正是因为我们从未用除十分小的速度以外的任何速度操作；例如，行星中运转得最快的水星也不到每秒 100 公里。假使这个行星运转快一千倍，它的行为还会相同吗？我们看到，也不需要焦虑；不管机动车进步到什么程度，在我们必须放弃把经典动力学原理应用于我们的机器之前，将有很长的时间。

那么，我们如何最终使实际速度比水星速度大一千倍，例如使它达到光速的十分之一或三分之一，或者更接近于光速呢？这可以借助于阴极射线和镭射线达到。

我们知道，镭放射出三种射线，分别用三个希望字母 α，β，γ 来表示；以下除非特意陈述对立面，将总是议论 β 射线，它类似于阴极射线。

在阴极射线发现后，出现了两种理论：克鲁克斯（Crookes）把该现象归因于真实的分子轰击；赫兹把它归因于以太的特殊波动。这是100年前关于光使物理学家对立的争论的复活；克鲁克斯采取了已被废弃的光的发射说；赫兹坚持波动说。事实似乎裁决有利于克鲁克斯。

首先，人们已经认识到，阴极射线随身带有负电荷；它们能被磁场和电场偏离，这些偏离恰恰与同一种场在由极高速度激发的和强烈带电荷的抛射粒子上产生的偏离一样。这两种偏离依赖于两个量：一个是速度；另一个是抛射粒子的电荷与它的质量的关系；我们无法知道这个质量的绝对值，也无法知道电荷的绝对值，而只能知道它们的关系；事实上，很清楚，如果我们同时使电荷和质量加倍，而不改变它的速度，那么我们将使有助于抛射体偏离的力加倍，不过因为质量也加倍了，所以观察到的加速度和偏离将是不变的。因此，观察两个偏离将给我们决定这两个未知数的两个量。我们发现，速度从每秒10 000公里到30 000公里；至于荷质比，它是很大的。我们可以把它与电解中的氢离子的相应的荷质比比较一下；于是我们发现，阴极抛射粒子所携带的电量约比相等质量的氢在电解液中所能够携带的电量多一千倍。

为了确认这些观点，我们需要直接测量这一速度，以便与如此计算的速度加以比较。J. J. 汤姆孙（Thomson）的旧实验给出了100多倍的结果，这太小了；不过，这些实验也暴露了某些误差的原因。该问题由维歇特（Wiechert）再次有条理地加以处理，其中利用了赫兹的振动；结果发现与该理论一致，至少就大小的数量级而言是这样；重复一下这些实验也许是极为有趣的。不管情况如何，波动说对于阐明事实的这一复杂性似乎是无能为力的。

针对镭的β射线所作的同样的计算给出了更大的速度：100 000或200 000公里，或者还要更多一些。这些速度大大超过了我们知道的所有速度。的确，人们早就知道光达到每秒300 000公里；但是光并没有运载物质，而在那里也许存在着实际上以所述的速度被激励的物质分子，倘若我们对于阴极射线采用发射说的话，因此研究一下通常的力学定律是否还适用于这些分子是恰当的。

II 纵质量和横质量

我们知道，电流产生感应现象，尤其是**自感应**。当电流增加时，自感电动势升高，它有助于反抗电流；相反地，当电流减少时，自感电动势有助于维持电流。因此，自感应抗拒电流强度的每一变化，正如在力学中物体的惯性对抗它的速度的每一变化一样。

自感应是真实的惯性。一切就好像不使周围的以太运动电流本身就不能确立起来一样，因而一切就好像这种以太的惯性有助于使这个电流的强度保持不变一样。要确立电流，需要克服这种惯性，要使电流停止，必须再次克服这种惯性。

阴极射线是带负电的抛射体的雨点，可以比之为电流。无疑地，这种电流乍看起来至少与普通的传导电流不同，在传导电流中，物质并不运动，而电通过物质环流。这就是**运流电流**，其中电依附于物质载体，由这种载体的运动携带着。但是，罗兰（Rowland）已经证明，运流电流像传导电流一样，产生相同的磁效应；它们也产生相同的感应效应。首先，如果情况并非如此，那么便会违背能量守恒原理；此外，克雷米厄（Crémieu）和彭德（Pender）使用了一种方法，**直接**证明了这些感应效应。

如果阴极微粒的速度变化，相应的电流强度将同样地变化；从而将增强自感效应，这将有助于反抗这一变化。因此，这些微粒将具有双重惯性：其一是它们本身的固有惯性，其二是由于自感应而引起的表观惯性，它产生相同的效应。从而，它们将具有总表观质量，这由它们的真实质量和电磁起源的虚设质量构成。计算表明，这种虚设质量随速度而变化，当抛射粒子的速度增加或减小时，或者当速度偏折时，自感应的惯性力不相同；因此，就总表观惯性力而言，情况也是如此。

因此，当施加于微粒的真实力平行于它的速度从而有助于加速运动时，同样地当真实力垂直于这个速度从而有助于使方向改变时，总表观质量是不同的。所以有必要把**总纵质量**和**总横质量**区别开来。而且，这两个总质量取决于速度。从亚伯拉罕（Abraham）的理论工作可以得出这一点。

在我们于前一节所说的测量中，我们通过测量两个偏离决定的东西是什么呢？一方面，它是速度，另一方面，是电荷与**总横质量**之比。在这些条件下，我们如何在总质量中辨认真实质量的成分和虚设的电磁质量的成分呢？如果我们只有严格意义上所谓的阴极射线，也不会梦想它；但是，有幸的是，我们还有镭射线，正如我们看到的，镭射线速度极大。这些射线并不完全相同，在电场和磁场的作用下，它们也不沿同一路径运动。人们发现，电偏离是磁偏离的函数，我们能够在灵敏的照相底片上接收经受两种场作用的镭射线，拍摄出表示这两种偏离关系的曲线。这是考夫曼(Kaufmann)所做的工作，他从中推导出速度以及电荷与总表观质量之比之间的关系，这个比率我们将称之为 ϵ。

人们可以假定有几种射线，每一种的特征由固定的速度、固定的电荷和固定的质量来表征。但是，这种假设是不大可能的；事实上，相同质量的微粒为什么总会具有相同的速度呢？假定电荷以及**真实**质量对于所有的抛射粒子都是相同的，这些粒子的差别仅仅在于它们的速度，这样会更自然一些。如果比率 ϵ 是速度的函数，这并不是因为真实质量随这个速度变化；而是由于虚设电磁质量依赖于这个速度，唯一能够观察到的总表观质量必须依赖于它，尽管真实质量不依赖于它，并且可以是常数。

亚伯拉罕的计算让我们了解到**虚设**质量作为速度函数变化的规律；考夫曼的实验使我们知道**总**质量的变化规律。

因此，比较这两个规律，将能使我们决定**真实**质量与总质量之比。

这就是考夫曼以往决定这个比率的方法；结果使人极为惊讶：**真实质量是零**。

这导致出完全未曾料到的概念。仅就阴极微粒所证明的东西被推广到一切物体。我们称之为质量的东西也许只不过是伪装；一切惯性恐怕都是电磁起源。可是，质量不再是常数，它会随速度而增大；对于直到每秒 1000 公里的速度而言，质量还明显的是常数，随后质量便增加，对于光速而言，质量变为无穷大。横质量不再等于纵质量:如果速度不太大,它们只可能是近似相等。力学原理 B 不再是正确的。

III 极隧射线

在我们现在所处的时刻,这个结论似乎为时尚早。人们能够把仅仅对于这样的光微粒证明的东西用于所有的物质吗?这种光微粒仅仅是物质的射气,也许不是真正的物质。但是,在开始研讨这个问题之前,必须先谈谈另一种射线。我要提到**极隧射线**,即戈德斯坦(Goldeistein)的 Kanalstrahlen(阳极射线)。

阴极在放射出带负电的阴极射线的同时,也放射出带正电的极隧射线。一般地,这些极隧射线并不被阴极排斥,而是局限于这个阴极的最接近的邻域,在这里它们形成不是很容易觉察到的"羚羊皮软垫";但是,如果给阴极钻孔,如果阴极几乎完全堵塞了真空管,那么极隧射线便向阴极**后面**延伸,其方向与阴极射线的方向相反,这样便变得可以研究它们了。正因为如此,才有可能证明它们带正电荷,证明它们像阴极射线那样,磁偏离和电偏离还是存在的,只不过是很微弱而已。

镭也放射出类似于极隧射线的射线,这种射线比较容易吸收,人们称之为 α 射线。

像对于阴极射线那样,我们能够测量两种偏离,并从中推导出速度和比率 ϵ。结果是比阴极射线小的常数,但是速度以及比率 ϵ 都比较小;正微粒带电少于负微粒;或者,如果我们假定电荷相等而符号相反,则正微粒比负微粒大得多,这样更自然一些。这些微粒一些带正电，另一些带负电，它们被称为**电子**。[①]

IV 洛伦兹理论

但是，电子并不只是向我们表明它们存在于这些赋予它们以极大速度的射线中。我们将看到它们起着十分不同的作用，正是它们可以阐明光学和电学的主要现象。引人注目的卓越综合归功于洛伦兹(Lorentz)。

物质仅仅是由携带着大量电荷的电子构成的，在我们看来它似乎是中性的，这是因为这些电子的相反符号的电荷相互补偿了。例如，我们可以设想一种由大正电子形成的太阳系，在大正电子的周围，中心电子所带的正电吸引着许多小行星即负电子。这些行星的负电荷与这个太阳的正电荷平衡，以致所有这些电荷的代数和是零。

所有这些电子都漂游在以太中。以太处处完全相同，以太中的扰动像光或赫兹的**真空中**的振动一样，是按同一规律传播的。除了电子和以太，别无他物。当光波进入电子很多的以太部分时，这些电子在以太扰动的影响下便处于运动之中，它们于是作用以太。这样就可以说明折射、色散、双折射和吸收。正是如此，如果由于某种原因使电子处于运动，它就会扰动它周围的以太，从而引起光波，这可以说明白炽物体的发光。

---

① 彭加勒写该文时，人们对极隧射线或阳极射线的组分以及原子结构还不十分清楚，对其命名也比较混乱(这从下文也可看出)。其实，极隧射线中不仅有正离子，还由于电荷转移而存在中性粒子和负离子。——中译者注

在某些物体内，例如在金属内，我们应该有固定的电子，在固定的电子之间，享有充分自由的运动电子环流着，不过它们不能逃逸出金属物体，不能越出把金属与外部空间隔开的界面，或金属与空气、与任何其他非金属物体的界面。

在金属物体内，这些可动的电子的行为从而像盛装气体的瓶内的气体分子一样，按照气体运动论运动。但是，在电势差的影响下，带负电的可动电子全都趋向于一方，而带正电的可动电子全都趋向另一方。这样就产生了电流，**这就是这些物体可以成为导体的原因**。另一方面，如果我们接受与气体运动论相似的观点的话，那么温度越高，电子的速度也越大。当这些可动的电子之一碰到金属物体的表面时——它不能通过其边界，它就像碰到台球盘橡皮边的台球一样被反弹回来，它的速度经受到突然的方向变化。但是，当电子改变方向时，正如我们进而将要看到的，它变成光波源，这就是灼热的金属发白炽光的原因。

在其他物体中，诸如在电介质和透明体中，可动电子不用说未享有自由度。它们依然仿佛被束缚到吸引它们的固定电子上。它们距固定电子愈远，这种引力变得也越大，愈倾向于把它们拉回来。因此，它们只能做小漂移；它们不再能够环流，而只能在它们的平均位置附近振动。这就是这些物体不是导体的原因；而且，这些物体往往是透明的，它们具有折射能力，由于光振动可以传递给易受振动影响的可动电子，从而会产生扰动。

在这里，我无法给出计算的细节；我仅限于说，这种理论阐明了所有已知的事实，并且可以预言像塞曼(Zeeman)效应这样的新事实。

V 力学的结果

我们现在可以面对两个假设：

1°正电子具有比它们的虚设电磁质量大得多的真实质量；唯独负电子没有真实质量。我们甚至可以假定，除了两种记号的电子外，还存在着只具有真实质量的中性原子。在这种情况下，力学不受影响；不需要触动力学定律；真实的质量是常数；正如一直知道的，运动仅仅受到自感效应的扰乱；而且，除了负电子外，这些扰动几乎是可以忽略的，因为没有真实质量的负电子不是真实的物质。

2°可是，还有另外的观点；我们可以假定，不存在中性原子，正电子正像负电子一样，也没有真实质量。但是另一方面，由于真实质量消失了，或者是**质量**一词不再有任何意义，否则就必须把它称为虚设电磁质量；在这种情况下，质量不再是常数，**横质量**不再等于纵质量，力学原理将被推翻。

首先做一点说明。我们说过，对于同一电荷，正电子的**总质量**远远大于负电子的总质量。于是，设想用正电子除具有虚设质量外还具有显著的真实质量来说明这种差别，是很自然的；这把我们带回到第一个假设。但是，我们同样可以假定，正电子像负电子一样，真实质量都是零，但是正电子的虚设质量大得多，由于这种电子小得多。我深思熟虑地说：小得多。事实上，在这个假设中，惯性完全来源于电磁；它本身归结为以太的惯性；电子单独不再是任何物；它们只不过是以太中的空穴，而以太则绕着这些空穴运动；

这些空穴越小，以太中的空穴就越多，从而以太的惯性也就越大。

我们将怎样在这两个假设之间裁决呢？像考夫曼对待β射线那样处理极隧射线吗？这是不可能的；这些射线的速度太小了。因此，每一个人应该按照他的气质裁决，从而使保守派趋向一边而使喜新者趋向另一边吗？但是，也许充分地考虑到革新者的论据后，必定会产生其他想法。

第二章　力学和光学

I　光行差

你知道布拉德雷(Bradley)发现的光行差现象是什么。从恒星发出的光通过望远镜要花费一定的时间;在这段时间内,由地球运动携带着的望远镜也移动了。因此,如果把望远镜对准恒星的**真实**方向,当光线到达物镜时,那么在网络的十字线占据之点就形成了物象;当光线到达网络的平面时,这个十字线便不在同一点了。从而要使物象落在十字线,我们不得不稍为改变一下望远镜的方向。结果,天文学家将不把望远镜对准光线绝对速度的方向,也就是说朝向恒星的真实位置,而恰恰对准光线参照于地球的相对速度方向,也就是说朝向所谓的恒星表观位置。

光速是已知的;因此我们可以假定,我们具有计算地球**绝对**速度的手段。(我马上将要说明我在这里使用的绝对一词。)没有这种事;我们确实知道我们所观察的恒星的表观位置;但是,我们并不知道它的真实位置;我们只知道光速的大小,而不知道光速的方向。

因此,假如地球的绝对速度是匀速直线的,我们从来也不会猜想光行差现象;但是,它是可变的;它由两部分组成:太阳系的速度，这是匀速直线的；地球相对于太阳的速度，这是可变的。如果只存在太阳系的速度即恒定的部分，那么观察到的方向就是不变的。人们如此观察到的这个位置被称为恒星的**平均**表观位置。

现在，同时考虑地球速度的两部分，我们将有实际的表观位置，它绕平均表观位置描绘出一个小椭圆，我们观察到的正是这个椭圆。

忽略很小的量，我们将看到，这个椭圆的大小仅取决于地球**相对**于太阳的速度与光速之比，因此只有地球对于太阳的相对速度起作用。

不过，请等一等！这个结果不是精密的，而仅仅是近似的；让我们把近似度稍微向前推进一下。于是，这个椭圆的大小将取决于地球的绝对速度。让我们针对不同的恒星比较椭圆的长轴：我们至少在理论上将有办法决定这个绝对速度。

这事也许没有乍看起来那样令人震惊；事实上，问题不在于相对于绝对虚空的速度，而是相对于以太的速度，**按定义**，以太被认为是绝对静止的。

而且，这种方法纯粹是理论性的。实际上，光行差是很小的；光行差椭圆的可能变化还要小得多，如果我们考虑光行差是属于一阶量的，从而这些变化可视为二阶量：大约百万分之一弧秒；我们的仪器绝对察觉不到它们。最后，我们将进一步看到，为什么应该抛弃前面的理论，为什么我们不能决定这个绝对速度，即使我们的仪器精确一万倍！

人们可以设想一些其他方法，事实上人们已经这样做了。光速在水中与在空气中并不相同；先通过充空气的望远镜，然后通过充水的望远镜，观察恒星的两个表观位置，难道我们不能把二者加以比较吗？结果是否定的；地球运动并没有改变反射和折射的视定律。这个现象可以有两种说明：

1°可以假定以太不是静止的，不过它却被运动的物体曳引着。于是，地球运动没有改变折射现象，这一点也不奇怪，因为三棱镜、望远镜和以太这一切东西被曳引一起作同一平移。至于光行差本身，可以用在星际空间中的静止以太和被地球运动所曳引的以太之分界面上所发生的折射种类来说明。正是基于这个假设（以太完全被曳引），建立了关于动体电动力学的**赫兹（Hertz）理论**。

2°相反地，菲涅耳（Fresnel）假定，以太在虚空中是绝对静止的，在空气中几乎是绝对静止的，不管空气的速度多大，而且以太只能部分地被折射媒质曳引。洛伦兹给这种理论以更满意的形式。在他看来，以太是静止的，只有电子处于运动之中；在虚空中，仅仅是以太的问题，在空气中，情况几乎是这样，曳引是零或几乎是零；在折射媒质中，扰动是同时由以太的振动和通过以太扰动而处于飘游中的电子的振动引起的，波动**部分地**被曳引。

为了在这两个假设之间裁决，我们有斐索（Fizeau）实验，该实验通过测量干涉条纹比较静止空气或运动空气中的光速。这些实验确认了菲涅耳的部分曳引假设。迈克耳孙（Michelson）以同样的结果重复了这些实验。**因此，必须拒斥赫兹理论**。

II 相对性原理

但是，如果以太不被地球的运动曳引，借助光现象可以证明地球的绝对速度，或更确切地讲，可以证明地球相对于不动以太的速度吗？实验做出了否定的回答，可是人们还是以所有可能的方式改变实验程序。无论使用什么方法，永远只能揭示出相对速度；我意指某些物体相对于其他物体的速度。事实上，如果光源和观察仪器在地球上并参与地球的运动，那么实验结果总是相同的，不管仪器相对于地球轨道运动的取向是什么。如果光行差出现了，那正是因为光源即恒星相对于观察者在运动着。

如果我们忽略光行差的二阶微量，迄今的假设完全可以阐释这一普遍结果。该说明依赖于洛伦兹引入的**地方时**概念，我将力图弄清楚它。设有两个观察者，一个位于 A，另一个位于 B，希望借助于光信号来对他们的钟。他们商定，当他的钟指向一个确定的时刻时，B 将发出一个信号给 A，而 A 在看到信号时把他的钟拨到那个时刻。如果仅仅是这样做，会存在系统误差，因为当光从 B 到 A 时要花费某一时间 t，A 的钟比 B 的钟慢时间 t。这个误差容易矫正。交叉信号就足够了。A 反过来也必须向 B 发信号，在这一新校准之后，B 的钟将比 A 的钟慢时间 t。于是，取两次校准的算术平均值将是充分的。

但是，这种做法假定，光从 A 到 B 与光从 B 返回 A 要花费相同的时间。如果观察者是不动的，这是正确的；如果他们被曳引公共平移，情况就不再是如此了，例如，这是因为 A 到那时将遇到从 B 发出的光，而在光来自 A 之前，B 将离开。因此，如果观察者一起具有公共平移，如果他们不怀疑这一点，那么他们的校准将是有缺陷的；他们的钟将不是指示同一时间；每一个钟都将显示属于它所在地点的**地方时**。

如果不运动的以太只能向他们传达都是同一速度的光信号，如果他们可以发出的其他信号都是通过与他们一起被曳引平移的媒质传播的，那么两个观察者将无法觉察到这一点。每一个人观察到的现象将太早或太迟；只有当不存在平移，才会在同一时刻看到它；可是，由于用表观察到的东西是错的，而又觉察不到这一事实，从而外观将没有什么变化。

由此可知，只要我们忽略光行差的平方，补偿就很容易得到说明，长期以来，实验并没有精确得足以有理由考虑它。但是，直到有一天，迈克耳孙构想出更为精妙的程序：他使沿不同路线传播的光线在平面镜反射后发生干涉；每一条路径大约是一米，干涉条纹许可辨认千分之一毫米，从而就不再能忽略光行差的平方了，**可是结果还是否定的**。因此，需要完善理论，它由**洛伦兹-斐兹杰惹假设**完成了。

这两位物理学家假定，所有被曳引平移的物体都在平移的方向经受收缩，而它们的垂直于平移方向的尺度依然不变。**这种收缩对于所有物体来说都是相同的**；而且，它很小，对于像地球那样的速度而言，它大约是二亿分之一。此外，即使我们的测量仪器精密得多，也无法揭示它；事实上，我们的量杆像被测量的物体一样，经历相同的收缩。如果我们把物体以及米尺对准地球运动的方向，米尺与所测量的物体严格相符，那么在另一取向它们依然严格相符，尽管物体和米尺在长度以及取向上都发生了变化，这恰恰是因为变化对于物体和对于米尺来说是相同的。可是，如果我们现在不是用米尺，而是用光通过物体所花费的时间来测量长度，那情况就完全不同了，这正是迈克耳孙所做的事情。

在静止时的球体，当它运动时就变成扁平的旋转椭球体的形状；可是观察者将总是认为它是球体，因为他本人也经受了类似的形变，所有作为参照点的物体也是如此。相反地，严格保持球形的光的波面在他看来似乎被拉长为椭球面。

接着发生了什么呢？设观察者和光源一起被携带平移：从光源发出的波面将是球面，这些球面以光源的相继位置为中心；从这个中心到光源的实际位置的距离将与在发射后逝去的时间成正比，也就是说与球面的半径成正比。因此，所有这些球面关于光源的实际位置 S 互为同位相似球面。可是，对于我们的观察者来说，由于收缩，所有这些球面将似乎拉长成椭面，而且所有这些椭面关于点 S 将是同位相似椭面；所有这些椭面的离心率是相同的，只取决于地球的速度。**我们将如此选择收缩定律，以便使点 S 可以处在椭球的子午面的焦点上**。

这时，补偿是**严格的**，人们正是这样说明迈克耳孙实验的。

我上面已经说过，按照通常的理论，光行差的观察会给出我们地球的绝对速度，如果我们的仪器精密一千倍的话。我必须修正这种说法。是的，观察到的角度会被这一绝对速度的效应修改，但是我们用来测量角度的分度圆却会因收缩而发生形变：它们变成了椭圆；从而导致所测量的角度出现误差，**这第二种误差可以精确补偿第一种误差**。

乍看起来，这种洛伦兹-斐兹杰惹收缩似乎是异乎寻常的；此刻，我们能够说的有利于它的一切就是，如果我们用光通过一长度所需要的时间来**定义**长度，那么这只不过是迈克耳孙实验结果的直接翻译。

无论如何，情况也许是，不可能逃脱下述印象：相对性原理是普遍的自然定律，人们用任何想像的方法永远只能证明相对速度，所谓相对速度，我不仅意指物体相对于以太的速度，而且也意指物体彼此相关的速度。如此之多的不同实验给出了一致的结果，以致我们感到被诱导把相称的价值赋予相对性原理，例如与当量原理相称的价值。无论如何，恰当的做法是，看看这种观察事物的方法可以导致我们得到什么结果，然后把这些结果提交实验对照。

III 反作用原理

让我们看看，在洛伦兹理论中，作用和反作用相等原理变成什么。考虑一个电子 A，它由于某种原因开始运动；它在以太中产生扰动；在某一时间末，这种扰动到达另一个电子 B，B 将离开它的平衡位置。在这些条件下，作用和反作用之间不能相等，至少在我们不考虑以太，而只考虑电子的情况下是这样，电子是**唯一可观察的**，由于我们的物质是由电子构成的。

实际上，正是电子 A 扰动了电子 B；即使在电子 B 可以作用于 A 的情况下，这种反作用可以等于作用，但是也绝不是同时的，因为电子 B 只有在传播所必需的某一时间之后才能开始运动。把这个问题提交比较精确的计算，我们达到下述结果：设把一个赫兹放电器置于抛物柱面镜的焦点，与之机械相接；这个放电器发射电磁波，镜子向同一方向反射所有这些波；因此，放电器将向确定的方向辐射能量。好了，计算表明，**放电器**像发射出炮弹的大炮一样**反冲**。在大炮的例子中，反冲是作用和反作用相等的自然结果。

大炮之所以反冲，是因为受到大炮作用的炮弹对大炮发生反作用。但是在电子的例子中，情况不再相同了。发出的东西不再是实物炮弹：它是能量，而能量没有质量：它没有对应物。我们可以仅仅简单地考虑一个带有反射器的灯，来代替放电器，反射器可以把灯的光线集合到一个方向。

的确，如果从放电器或从灯发射的能量遇到实物对象，这个对象便受到机械推力，犹如它受到真实炮弹撞击一样，而且这一推力将等于放电器和灯的反冲力，倘若在途中没有能量损失且对象吸收全部能量的话。因此，人们被诱使说，在作用与反作用之间还存在着补偿。但是，这种补偿即便是完备的，可也总是延迟的。如果光在离开光源后，通过星际空间漫游一直没有遇到实物物体，那就永远也不会发生补偿；如果受冲击的物体不是完全吸收的，补偿就是不完备的。

这种力学作用太小以致无法进行测量吗，或者它们可受实验检验吗？这些作用无非是由**麦克斯韦**(Maxwell)－**巴托利**(Bartholi)压力引起的；麦克斯韦由静电学和磁学的计算预言了这些压力；巴托利根据热力学的考虑达到了同一结果。

彗尾正是这样被说明的。小粒子本身是从彗核中分离出来的；它们受到太阳光的冲击，太阳光把它们推向后部，犹如来自太阳的弹雨一样。这些粒子的质量如此之小，以致这种排斥力反抗牛顿引力而扫过彗星；这样，在离开太阳运动时，它们便形成彗尾。

直接的实验证实是不容易得到的。首次努力导致了**辐射计**的建造。这个仪器**逆转**，其方向与理论方向相反，自从它被发明以来，对它的旋转的说明是完全不同的。最后，一方面使真空更完善,另一方面不给叶片一面涂黑,直接使光线束照射在叶片一面上,终于取得了成功。辐射度的影响和其他扰动原因通过一系列的费力的预防办法被消除了,人们得到十分微小的偏离,不过这看来好像是与理论符合的。

我们在前面讲过的赫兹理论以及洛伦兹理论都同样预示了麦克斯韦-巴托利压力的同一效应。不过,还有差别。例如,设能量以光的形式通过透明媒质从光源到达任何物体。麦克斯韦-巴托利压力将不仅在离开时对光源、在到达时对被照射的物体施加作用,而且也对它传播时通过的透明媒质的物质施加作用。当光波到达这种媒质的新区域时,这种压力将把分布在那里的物质向前推,而在波离开这个区域时,它将把物质向后推。这样一来,光源的反冲力由于对应物而导致与光源接触的透明物质向前运动;稍后,这同一物质的反冲力由于对应物而导致位于稍远处的透明物质向前运动,如此等等。

可是,补偿是完备的吗?不管透明媒质的物质是什么,麦克斯韦-巴托利压力对这种物质的作用等于它对光源的反作用吗?或者,像媒质较少折射能力且比较稀少一样,这种作用也小得多,以致在虚空中变为零吗?

赫兹把物质视为与以太机械地关联的,以致以太可以完全被物质曳引,如果我们承认赫兹的理论,那就必须对第一个问题回答是,对第二个问题回答否。

因此,即使在最小折射的媒质中,即使在空气中,即使在星际虚空中,也存在着像作用和反作用相等原理所要求的完备补偿,在那里足以假定有物质的残余,不管其多么稀薄。相反地,如果我们承认洛伦兹理论，那么补偿总是不完全的，在空气中是难以察觉的，而在虚空中变为零。

但是，我们在上面已经看到，斐索实验不容许我们保留赫兹理论；因此，必须采纳洛伦兹理论，从而必须**抛弃反作用原理**。

IV　相对性原理的结果

我们在上面看到迫使我们把相对性原理看做是普遍的自然定律的理由。让我们考察一下，这个原理会导致什么结果，是否能够认为它最终被证明。

首先，它迫使我们推广洛伦兹和斐兹杰惹关于所有物体在平移方向收缩的假设。尤其是，我们必须把这个假设延伸到电子本身。亚伯拉罕把这些电子看做是球形的和不会变形的；在我们看来，必须承认这些在静止时是球形的电子在运动时经受了洛伦兹收缩，从而形成扁平的椭球。

电子的这一形变将影响它们的力学性质。事实上，我已经说过，这些带电的电子的位移是确实的运流，它们的表观惯性源于这种电源的自感应：专就负电子而论；对于正电子而言，我们还不知道是否全部如此。好了，电子的形变取决于它们的速度，这一形变将改变它们表面的电分布，从而改变它们产生的运流的强度，改变这种电流的自感应作为速度的函数而变化的规律。

以这种代价，补偿将是完全的，而且符合相对性原理的要求，但只是在下述两个条件下才行：

1°正电子没有真实质量，而只有虚设的电磁质量；或者至少，即使它们的真实质量存在着,也不是常数,而是按照与它们的虚设质量相同的定律随速度变化。

2°所有的力都是电磁起源,或者至少,它们按照与电磁起源的力相同的定律随速度而变化。

还是洛伦兹,完成了这一引人注目的综合;让我们停一下,看看由此得出了什么结果。首先,不再存在物质,因为正电子不再具有真实质量,或者至少不再有不变的真实质量。我们力学的现存原理曾建立在质量不变的基础上,因而必须加以修正。再者,电磁说明必须考虑到所有已知的力,尤其是引力,或者至少引力定律必须如此修正,以便这种力按照与电磁力相同的方式随速度变化。我们还将回到这一点。

乍看起来,这一切好像有点人为色彩。尤其是,电子的这种形变似乎完全是假设性的。不过,事情可以用另外的方式来描述,以便避免在推理的基础上提出这一形变假设。把电子看做质点,询问在不违背相对性原理的情况下,它们的质量作为速度的函数应该如何变化。或者讲得更恰当一些,就是要询问:在电场或磁场的影响下,它们的加速度应该是什么,才不致违背相对性原理,而且当我们假定速度很小时,我们又回到通常的定律。我们将发现,质量的变化或加速度的变化必定像电子经受了洛伦兹形变似的。

V 考夫曼实验

于是,在我们面前有两种理论:一种是电子不可能形变的理论,这就是亚伯拉罕的理论;另一种是电子经受洛伦兹形变的理论。在两种情况下，它们的质量随速度而增加，当速度变得等于光速时，质量变为无穷大；不过，变化规律是不同的。考夫曼所使用的方法揭示出质量变化的规律，从而似乎给予我们在两种理论之间作出裁决的实验手段。

不幸的是，他的第一批实验不能足够精确地做到这一点；于是，他决定以较多的预防措施重复这些实验，十分细心地测量了场的强度。在其新形式下，**这些实验有利于亚伯拉罕理论**。于是，相对性原理不可能具有我们被诱使赋予它的严格价值；不再有理由相信正电子像负电子一样被剥夺了真实质量。然而，在肯定地采纳这个结论之前，有必要再做一点思考。问题是如此重要，以致人们希望另外的实验家①重复考夫曼实验。很不幸，这个实验十分棘手，只有具有与考夫曼同样才能的物理学家才能成功地进行。人们恰当地采取了一切预防措施，我们没有发现能够提出什么异议。

不过，还有一点我希望引起注意：这就是静电场的测量，一切均与这一测量有关。这个场是在电容器的两个极板之间产生的；在这两个极板间，必须造成极其完全的真空，以便得到完备的绝缘。然后，测量两个极板的电势差，用离极板的距离除以这个电势差便得到场强。这假定电场是均匀的，这是确定的吗？在一个极板的附近，例如负极板的附近，电势不会突然下降吗？在金属和真空的汇合处可能有电势差，这种电势差在正的一侧和负的一侧可

① 本书付印时，我获悉布赫尔(Bucherer)先生采取了新的预防措施，重复了这个实验，他得到了与考夫曼相反的结果，证实了洛伦兹的观点。

以不同;导致我这样想的是水银和真空之间的电真空管效应。不管情况如此的几率多么小,似乎还应当考虑它。

VI 惯性原理

在新动力学中,惯性原理还是正确的,也就是说,**孤立的**电子将作匀速直线运动。至少,这是普遍假定的;不过,林德曼(Lindemann)反对这种观点;我不想参加这一讨论,我在这里不能详述它,因为它具有过于困难的性质。无论如何,对该理论稍作修正,便会足以庇护它免受林德曼的反驳。

我们知道,浸在流体里的物体在运动时要经受显著的阻力,这是因为我们的流体是黏滞的;在理想流体中,完全没有黏滞性,物体会在其后激起液体小丘,某种类似于船的尾波的东西;开始时,必须用很大的力量才能使之运动,由于这不仅必须使物体本身运动,而且还必须使物体尾波的液体运动。但是,一旦获得运动,它就会毫无阻力地扰动自身,因为物体在行进中仅仅随之携带液体的扰动,液体的总活劲(vis viva)不会增加。因此,一切就好像惯性增加一样地发生着。在以太中前进的电子也以相同的方式行动:在电子周围,以太也会被激起,但是这种扰动伴随着物体而运动;因此,对于和电子一起被携带的观察者来说,伴随这个电子的电场和磁场似乎是不变的,只有在电子的速度变化时它们才可能变化。从而,要使电子运动就必须用力,由于必须产生这些场的能量;相反地,一旦获得了运动,就不需要力维持它了,由于所产生的能量仅仅像尾波一样在电子之后前进。因此,这一能量只是增加电子的惯性，正如液体的扰动增加浸在理想流体中的物体的惯性一样。无论如何，负电子至少没有除此以外的惯性。

在洛伦兹假设中，活劲仅仅是以太的能量，它不与 v^2 成比例。无疑地，如果 v 很小，活劲明显地与 v^2 成正比，运动量明显地与 v 成正比，两种质量明显不变且彼此相等。但是，**当速度趋近于光速时，活劲、运动量和两种质量便超越所有限度而增加**。

在亚伯拉罕的假设中，表达稍为复杂些；不过，我们刚才说过的东西本质上依然正确。

这样一来，当速度等于光速时，质量、运动量、活劲变为无穷大。

由此可得，**没有什么物体能够以任何方式获得超越于光速的速度**。事实上，随着物体速度的增加，它的质量也成比例地增加，于是它的惯性以越来越大的阻力对抗速度的任何新增加。

于是，问题提出来了：让我们姑且承认相对性原理吧；运动的观察者没有任何手段察觉他自己的运动。因此，如果没有一个处于绝对运动的物体能够超过光速，而可以像你乐意的那样接近光速，那么就它对于我们观察者的相对运动而言，情况应该相同。于是，我们可能被诱使如下推理：观察者可以获得200 000公里的速度；对于观察者作相对运动的物体也可以得到同一速度；物体的绝对速度从而将是400 000公里，这是不可能的，因为这已超过了光速。这仅仅是外表的假象，当考虑到洛伦兹如何估价地方时时，这种假象就消失了。

VII　加速度波

当电子运动时，它在它周围的以太中产生扰动；如果它的运动是匀速直线运动，这种扰动便化归我们上节所说的尾波。但是，如果运动是曲线的或变化的，情况就不一样了。于是，该扰动可以看做是两种另外的扰动的叠加，朗之万(Langevin)把这两种扰动命名为**速度波**和**加速度波**。速度波仅仅是在匀速运动中出现的波。

至于加速度波，这是完全类似于光波的扰动，它是电子在经受加速的时刻从电子发出的，从而它通过连续的球面波以光速传播。由此可得：在匀速直线运动中，能量完全守恒；但是，当有加速度时，就要损失能量，能量以光波的形式耗散，越过以太而传播到无穷远处。

不过，这种加速度波的效应，尤其是相应的能量损失，在大多数情况下是微不足道的，这就是说，不仅在普通力学中和天体运动中是这样，而且甚至在镭射线中也是如此，镭射线的速度很大，但却没有加速度。于是我们可以有限度地应用力学定律，使力等于加速度与质量之积，不过这个质量按照上面所说明的规律随速度而变化。因此我们说，该运动是**准稳运动**。

在加速度大的所有情况中，问题就不会一样了，这主要有下述几个方面：

1°在白炽气体中，某些电子作频率很高的振动；位移是很小的，速度是有限的，而加速度很大；从而把能量传给以太，这就是为什么这些气体辐射出与电子振动的周期相同的光。

2°相反地，当气体接收光时，这些相同的电子便以极强的加速度振动，它们吸收光。

3°在赫兹放电器内，在金属质量内环流的电子在放电的瞬间经受了突然加速，从而获得高频振动。由此便导致部分能量以赫兹波的形式辐射出去。

4°在白炽金属中，围在这种金属内的电子被激发而具有很大的速度；在接近金属表面时，由于它们不能通过表面，它们被反射从而经历显著的加速。这就是金属发射光的原因。用这种假设，可以圆满地说明黑体辐射光的定律的细节。

5°最后，当阴极射线撞击到对阴极时，构成阴极射线的、受到激励而具有极大速度的负电子突然受到阻碍。因为它们这样经受了加速，它们便在以太中产生波动。按照某些物理学家的观点，这就是伦琴(Røntgen)射线的来源，伦琴射线也许只不过是波长很短的光线而已。

第三章　新力学和天文学

I　万有引力

质量可以用两种方式定义：

1°按照力与加速度之商定义；这是质量的真正定义，这度量的是物体的惯性。

2°借助牛顿定律，按照物体施加于外部物体的引力定义。因此，我们能把作为惯性系数的质量和作为引力系数的质量区别开来。根据牛顿定律，在这两个系数之间存在着严格的比例。但是，人们仅仅针对动力学的普遍原理适用的速度证明了这一点。现在，我们看到，作为惯性系数的质量随速度而增加；我们能够得出结论说，作为引力系数的质量同样随速度增加，而且依然与惯性系数成比例吗？或者相反，这个引力系数依然是常数吗？这是一个我们没有办法裁决的问题。

另一方面，由于两个相互吸引的物体的速度一般说来是不同的，如果引力系数取决于速度，那么这个系数将如何取决于这两个速度呢？

关于这个论题，我们只能够做假设，但是我们自然地被导致研究，这些假设中哪一个可能与相对性原理一致。有大量的假设；我在这里将提到的只有一个假设，即洛伦兹假设，我愿简要地叙述它。

首先考虑处于静止的电子。两个相同记号的电子相互排斥，两个相反记号的电子相互吸引；在通常的理论中，它们的相互作用与它们的电荷成正比；因此，如果我们有四个电子，有两个正电子 A 和 A'，有两个负电子 B 和 B'，而且这四个电子的电荷在绝对值上是相同的，那么在相同的距离，A 对 A' 的斥力等于 B 对 B' 的斥力，也等于 A 对 B' 的引力或等于 A' 对 B 的引力。因此，如果 A 和 B 相距很近，A' 和 B' 也相距很近，而且我们审查了系统 $A+B$ 对于系统 $A'+B'$ 的作用，那么我们将有精确地相互补偿的两个斥力和两个引力，其总作用将是零。

现在，恰恰应该把物质分子视为一种太阳系，一些正电子和一些负电子在其中环行，**按这样的方式，所有电荷的代数和是零**。因此，物质分子完全类似于我们说过的系统 $A+B$，以致两个分子相互之间总的电作用应为零。

但是，实验向我们表明，这两个分子由于牛顿万有引力而相互吸引；于是我们可以做出两个假设：我们可以假定万有引力和静电引力没有关系，前者是由截然不同的原因引起的，它在某种程度上可简单地相加；要不然，我们可以假定静电引力不与电荷成比例，电荷 $+1$ 施加给电荷 -1 的引力大于两个 $+1$ 电荷或两个 -1 电荷的相互斥力。

换句话说，由正电子产生的电场和由负电子产生的电场可以叠加，可是它们依然是独特的。正电子对于由负电子产生的场比对于由正电子产生的场更敏感；对于负电子而言，情况正好相反。

很清楚，这个假设在某种程度上使静电学复杂化了，但是它使万有引力还原为静电学。总之，这是富兰克林(Franklin)的假设。

现在，如果电子运动，会发生什么情况呢？正电子将在以太中引起扰动，在那里产生电场和磁场。对于负电子来说，情况将是一样的。因此，正电子以及负电子由于这些不同场的作用而经受机械冲力。按照通常的理论，由正电子的运动所产生的电磁场，对于两个记号相反而绝对电荷相同的电子施加具有相反记号的相等的作用。从而，我们无法方便地区分由正电子运动所产生的场和由负电子运动所产生的场，而仅考虑这两个场的代数和，也就是说只考虑合成场。

相反地，在新理论中，源于正电子的电磁场对于正电子的作用遵循通常的定律；它与源于负电子的电磁场对于负电子的作用相同。现在，让我们考虑源于正电子的场对于负电子的作用(或者反过来)；它仍将遵循同一定律，不过**具有不同的系数**。每一个电子对于由异名电子产生的场比对于由同名电子所产生的场更为敏感。

这就是洛伦兹假设，对于速度不大的情况，它还原为富兰克林假设；因而，对于这些小速度，它能说明牛顿定律。而且，因为万有引力划归为电动力学起源的力，洛伦兹的普遍理论将适用，从而将不违背相对性原理。

我们看到，牛顿定律不再适用于高速，对于运动物体来说，必须修正它，对于运动的电而言，正好也必须以相同的方式修正静电学定律。

我们知道，电磁扰动是以光速传播的。我们回想起，按照拉普拉斯的计算，万有引力至少是以比光快 1000 万倍的速度传播的，从而它不会是电磁起源，因此我们可能被诱使放弃前述的理论。拉普拉斯的结果是众所周知的，但是人们一般不了解它的意义。拉普拉斯设想，如果万有引力的传播不是瞬时的，那么它的传播速度便与被吸引的物体的速度结合在一起，就像光行差现象中的光所发生的情况一样，从而有效力不是沿着连结两物体的直线，而是与这条直线成一小角度。这是极为特殊的假设，还没有充分辩护，无论如何，它与洛伦兹假设大相径庭。拉普拉斯的结果未构成反对洛伦兹理论的证据。

II 与天文观察比较

前面的理论能够与天文观察一致吗？

首先，如果我们采纳这些理论，那么行星运动的能量就会因**加速度波**效应将不断消散。由此可得，恒星的平均运动会不断减速，仿佛这些恒星在有阻力的媒质中运动一样。不过，这种效应极其微弱，微弱得最精密的观察也分辨不出。天体的加速度也比较微弱，以致加速度波效应可以忽略，运动可以被看做是**准稳运动**。确实，加速度波效应不断积累，但是这种积累本身太慢，要使它变明显，需要观察数千年。因此，让我们把运动视为准稳运动作一下计算，这是在下述三个假设下进行的：

A. 承认亚伯拉罕假设（电子不能变形），并保持牛顿定律的通常形式；

B. 承认洛伦兹关于电子变形的假设，并保持通常的牛顿定律；

C. 承认洛伦兹关于电子的假设，像我们在前一节所做的那样修正牛顿定律，以便使它变得与相对性原理一致。

在水星运动中，这种效应将是最为显著的，因为这个行星具有最大的速度。蒂塞朗(Tisserand)在承认韦伯(Weber)定律的前提下，从形式上做了类似的计算；我回想起韦伯同时也企图说明静电现象和电动力学现象，他假定电子(它们的名字还没有发明出来)沿着连结它们的直线相互施加引力和斥力，这些力不仅取决于它们的距离，而且也取决于这些距离的一阶和二阶导数，从而取决于它们的速度和加速度。韦伯的这个定律虽然不同于今日趋向盛行的那些定律，但是仍然与它们有某种类似之处。

蒂塞朗发现，如果牛顿引力符合韦伯定律，那么对于水星近日点，从中便产生 14″的长期变化，**这是在它被观察到而人们却无法说明的同一意义上而言的**，不过它比较小，由于实际上是 38″。

让我们重提假设 A，B 和 C，首先研究一下被一个固定中心吸引的行星的运动。假设 B 和 C 不再被区分了，这是因为，如果吸引点是固定的，那么它所产生的场是纯粹静电场，其中引力与距离平方成反比而变化，这与库仑(Coulomb)静电定律一致，与牛顿定律等价。

倘若把新定义视为活动，那么活动方程仍然适用；按同一方式，面积方程被另一个等价于它的方程代替；动量矩是常数，而动量必须按新动力学来定义。

唯一敏感的效应将是近日点的长期进动。依据洛伦兹理论，对于这一进动，我们将发现它是韦伯定律所给出的结果之半；依据亚伯拉罕理论，它是五分之二。

现在，如果我们设两个运动物体绕它们的公共重心运动，该效应只有很小的差别，尽管计算可能稍为复杂一些。因此，水星近日点的进动在洛伦兹理论中是 7″，而在亚伯拉罕理论中是 5.6″。

而且，该效应与 n^3a^2 成正比，其中 n 是恒星的平均运动，a 是它的轨道的半径。对于行星来说，借助于开普勒(Kepler)定律，于是该效应与 $\sqrt{a^5}$ 成反比地变化；因此，除水星而外，它是不可觉察的。

对于月球来说，尽管 n 很大，因为 a 极小，它同样是不可觉察的；一言以蔽之，对于金星而言，它比水星小 5 倍，对于月球而言，它比水星小 600 倍。关于金星和地球，我们可以附加说，近日点的进动(对于这种进动的同一角速度而言)很难通过天文观察辨认，因为它们的轨道的偏心率比水星小得多。

总而言之，**天文观察唯一敏感的效应可能是水星近日点的进动，这是在被观察到而没有被说明的同一意义上而言的，不过该效应特别微弱**。

不能把这看做是有利于新动力学的论据，由于对于大部分水星异常，总是必须寻找另外的说明；不过，还不能把这看做是反对新动力学的论据。

III　勒萨热理论

把这些见解与早就提出用以说明万有引力的理论比较一下，是很有趣的。

设在星际空间中，十分精细的微粒以高速在每一个方向上环流。在空间中孤立的物体明显地将不受这些微粒冲击的影响，因为这些冲击均等地分布在所有方向上。但是，如果有两个物体 A 和 B，那么物体 B 将起屏蔽作用，并将拦截部分微粒，没有它微粒便会撞击 A。于是，A 在与 B 相反的方向上受到的冲击将不再有补足物，或者现在将仅仅部分地被补偿，这将把 A 推向 B。

这就是勒萨热(Lesage)理论；我们先采取普通力学的观点来讨论它。

首先，这种理论所要求的冲击是如何发生的呢；它是按理想弹性体的定律发生的，还是按无弹性体的定律发生的，抑或是按折中的定律发生的呢？勒萨热的微粒不能像理想弹性体那样作用；否则，其效应会是零，由于物体 B 所拦截的微粒会被从物体 B 弹回的其他微粒替代，计算证明，补偿是完全的。因此，冲击必然使微粒损失能量，这种能量将以热的形式出现。可是，这样会产生多少热呢？请注意，引力能够穿过物体；因此，如以地球而论，我们务必不要把它想像成一个固体屏障，而要把它想像成由为数极多的很小的球形分子构成的，这些分子单独起着小屏障的作用，但是在这些分子之间，勒萨热的微粒可以自由环流。这样一来，不仅地球不是固体屏障，而且它甚至也不是筛子，因为虚空占据的空间比充实的空间多得多。要认识这一点，请回想一下，拉普拉斯已经证明，引力在穿越地球时，它至多减弱千万分之一，他的证据是完全令人满意的：事实上，如果引力被它穿越的物体吸收，它就不再可能与质量成正比；对于大物体而言，引力比对小物体**相对地**弱一些，因为它要穿越较大的厚度。因此，太阳对地球的引力比太阳对月球的引力**相对地**弱一些，由此会导致在月球的运动中有很明显不等性。因此，如果我们采纳勒萨热理论，我们就应该得出结论，构成地球的球形分子的总表面至多是地球总表面的千万分之一。

达尔文(Darwin)曾证明，当我们假定粒子完全没有弹性时，只有勒萨热理论精密地导致牛顿定律。于是，地球施加在距离为1、质量为1上的引力，同时与构成地球的球形分子的总表面积 S、微粒的速度 v、由微粒形成的介质的密度 ρ 的平方根成正比。所产生的热将与总表面积 S、密度 ρ 以及速度 v 的立方成正比。

但是，必须考虑在这样的介质中运动的物体所经受的阻力；事实上，物体不反抗某些冲击就不能运动，相反地，当冲击在相反方向到来之前，它又离开了，以致在静止状态实现的补偿再也不能继续存在。计算出的阻力与 S、ρ 和 v 成正比；现在，我们知道，天体就好像它们没有经受阻力一样地运动着，观察的精度容许我们为媒质的阻力设置一个界限。

这种阻力随 $S\rho v$ 变化，而引力随 $S\sqrt{\rho v}$ 变化，我们看到，阻力和引力平方二者之比与乘积 Sv 成反比。

因此，我们有乘积 Sv 的较低界限。我们已经有 S 的较高界限(由引力被它所穿过的物体的吸收来决定)；因此，我们有速度 v 的较低界限，它至少必须是光速的 $24 \cdot 10^{17}$ 倍。

由此我们能够导出 ρ 和所产生的热量；这一热量足以使温度在一秒钟内升高到 10^{26} 度；在给定时间内，地球能够接收的热量比太阳在同一时间发出的热量多 10^{20} 倍；我说的不是太阳向地球发射的热量，而是太阳向所有方向辐射的热量。

显而易见，地球不能长期经受这样的统治方式。

如果我们反对达尔文的观点，而赋予勒萨热微粒以不完全的、但却不是零的弹性，那么我们就有可能得出较少稀奇古怪的结果。实际上，这些微粒的活劲不会完全转化为热，但是所产生的引力同样是较小的，从而也许只有转化为热的这一部分活劲对于产生引力有贡献，这便归结为同一事实；明智地使用强有力的定理，能使我们阐释这一点。

可以改造勒萨热理论；禁用微粒，设想来自空间各个点的光波在所有方向穿过以太。当实物接收到光波时，由于麦克斯韦－巴托利压力，光波便向它施加力学作用，恰如它受到实物抛射体的冲击一样。因此，所讨论的光波可以起勒萨热微粒的作用。例如，这是托姆西纳(Tommasina)先生所假定的东西。

困难并没有因为这一切而消除了；传播速度只能是光速，对于媒质阻力来说，我们这样便可能得出不能容许的数字。此外，如果光完全被反射，效应就是零，正如在理想弹性微粒的假设中那样。

要有引力，必须使光部分地被吸收；但是，此刻产生热。这些计算基本上与用勒萨热通常理论所做的计算没有差别，该结果保持着相同的奇异特征。

另一方面，引力不被它所穿越的物体吸收，或者根本不被吸收；我们所知道的光并不是这样。能够产生牛顿引力的光与普通光显著不同，例如它是波长很短的光。这还不算，如果我们的眼睛对这种光敏感，那么整个天空在我们看来似乎比太阳还要明亮得多，以致太阳对我们来说也许成为黑色而特别突出，否则太阳就会排斥我们，而不是吸引我们。由于这一切理由，可以容许说明引力的光也许更像伦琴射线，而不是更像普通光。

此外，X 射线恐怕也无能为力；不管这种射线在我们看来可以有多大的贯穿能力，它们也不能通过整个地球；因此，必须设想 X' 射线的贯穿能力比普通 X 射线的贯穿能力大。而且，一部分 X' 射线的能量必须消失，否则就不会有引力。如果你不希望它转化为热——这会导致产生大量的热，你就必须假定，它在每一个方向以二次射线的形式辐射出去，二次射线可以称为 X''，X'' 比 X' 射线贯穿能力也许更大，否则它们本身便会扰乱引力现象。

当我们试图给予勒萨热理论以生命力时，我们就不得不做这样复杂的假设。

但是，我们所说的一切都预先假定力学的普通定律。

如果我们承认新动力学，事情会变得更好吗？首先，我们能够保持相对性原理吗？让我们先赋予勒萨热理论以它的初始形式，并假定实物微粒穿过空间；如果这些微粒是完全弹性的，它们碰撞的定律能够与相对性原理一致，但是我们知道，此时它们的效应却是零。因此，我们必须假定这些微粒不是弹性的，从而很难设想碰撞定律符合相对性原理。此外，我们还会发现显著的热量产生了，而且也会发现完全可以觉察到的媒质的阻力。

如果我们禁用这些微粒，而转向麦克斯韦－巴托利压力的假设，困难也不会小一些。这是洛伦兹本人在 1900 年 4 月 25 日向阿姆斯特丹科学院所作的专题报告中尝试的事情。

考虑一个沉浸在以太中的电子系统，光波在每一方向透过以太；这些电子之一被这些光波之一冲击而开始振动；它的振动将与光振动同步；不过，如果电子吸收一部分入射能，它可能有相位差。事实上，如果它吸收能量，这是因为以太的振动**激励**电子；因此，电子必须比以太作用缓慢。运动的电子类似于运流；因此，每一个磁场，尤其是由光扰动本身引起的磁场，必然对这个电子施加力学作用。这种作用是很微弱的；而且，它改变周期电流的记号；不管怎样，如果在电子振动和以太振动之间有相位差，平均作用便不为零。平均作用与相位差成正比，从而与电子所吸收的能量成正比。在这里，我不能涉及计算的细节；只要说说下面的话就足够了：最终结果是任何两个电子的引力，该引力与距离的平方成反比，与两个电子所吸收的能量成正比而变化。

因此，没有光吸收，从而没有热量产生，就不可能有引力，这就是决定洛伦兹放弃这一理论的缘由，归根结底，这一理论与勒萨热-麦克斯韦-巴托利理论没有什么差别。如果他把计算推到极端，他也许还会更为沮丧。他可能发现，地球的温度每秒不得不增加10^{13}度。

IV 结论

我已极力用几句话尽可能完备地给出这些新学说的思想；我曾试图说明它们是如何诞生的；否则，读者也许会有理由为它们的大胆而惊恐不安。新理论还未被证明；远远没有证明；只是它们建立在具有充分权重的概率的集合上，我们没有权利漠视它们。

新实验无疑将告诉我们，我们最终应该如何思考它们。问题的棘手之处在于考夫曼实验和可以着手证实它的实验。

在结束时，请容许我告诫一句。假定在若干年之后，这些理论经受了新的检验并取得胜利；那里，我们的中学教育将遭受很大的危险:某些教师无疑将希望为新理论谋求地盘。

新奇的事物是如此吸引人,它是如此难对付,以致好像没有取得高度进展!至少将有希望向学生打开视野,在给他们教普通力学之前,让他们知道,普通力学的时代已经过去,它充其量只对那位老傻瓜拉普拉斯足够有用。于是,他们将不习惯普通力学。

让他们知道,普通力学仅仅是近似的,这样做好吗?好的;不过为时已晚,当普通力学已经渗透到他们的骨髓本身时,当他们将养成只是通过它进行思考的癖好时,当不再存在他们不学它的危险时,那时人们可以方便地向他们表明它的界限。

他们必须经历的,正与普通力学一致;他们永远必须使用的,唯有普通力学。无论汽车进步到何种程度,我们的交通工具从来也达不到普通力学不再正确的速度。新理论仅仅是奢侈品,只有当不再有任何损害必需器的危险时,我们才应当想到奢侈品。

第 四 编

天 文 科 学

第一章　银河与气体理论

在这里展开的思考迄今还未引起天文学家的注意;除了开耳芬勋爵(Lord Kelvin)的精巧观念外,在这里几乎没有任何东西引用了,他的观念开辟了研究的新领域,但是还有待贯彻到底。我也没有什么独创性的结果要透露,我能够做的一切就是给出所提出的问题的观念,但是迄今还没有一个人着手解决它。每一个人都知道,大量的现代物理学家如何描述气体的组成;气体是由不计其数的分子形成的,这些分子以高速在每一个方向飞来飞去。这些分子也许彼此超距作用,但是这种作用随距离增加而急剧减小,以致它们的轨道依然明显的是直线;只有当两个分子碰巧相互十分接近地通过时,它们就不再是这样了;在这种情况下,它们相互之间的引力或斥力使它们向右或向左偏折。这就是人们有时所说的碰撞;但是,**碰撞**一词不是按它的通常意义来理解的;两个分子没有必要进入接触状态,只要它们彼此充分接近,使它们的相互吸引变得明显就足够了。它们所经受的偏折的规律与真正的碰撞毫无二致。

乍看起来,这种不计其数的微尘的杂乱无章的碰撞,似乎只能引起无法解决的混沌,面临这种状况,解析必定也会畏葸不前。但是,大数定律,即偶然性的最高定律,能够给我们以帮助;面对半无序，我们必定束手无策，但是在极度无序时，统计定律重建起心智能够在其中恢复一种平均秩序。正是这种平均秩序的研究，构成气体运动论；它向我们表明，分子的速度均等地分布在所有方向上，这些速度的大小因分子不同而异，但是，即使这种变化也服从所谓的麦克斯韦定律。这个定律告诉我们，有多少分子以某一速度运动。只有气体偏离这个定律，分子的相互碰撞在改变它们的速度的大小和方向时，趋向于使气体迅速地恢复原状。物理学家力求用这种方法说明气体的实验性质，没有未取得成功的；例如，马略特(Mariotte)定律即是。

现在，考虑一下银河；我们在其中也可以看到不计其数的微尘；只是这种微尘的颗粒不是原子，它们是恒星；这些颗粒也以高速运动着；它们彼此超距作用，不过这种作用在大距离时如此微弱，以致它们的轨道是直线的；可是，它们之中的两个可以不时地趋近，足以从它们的路线偏离，犹如彗星运行到十分接近木星那样。一句话，在巨人的眼里，他们看我们的太阳恐怕像我们看我们的原子，银河似乎仅仅是一个气泡而已。

开耳芬勋爵的主导观念就是这样的。从这一比较中可以得出什么呢？它精确到何种程度呢？这就是我们必须一起研究的问题；但是，在达到确定的结论之前，为了避免过早做出判断，我们要预见到，气体运动论对于天文学家来说将是一个模型，他不应该盲目遵从这个模型，不过他从中可以有利地启迪灵感。直到现在，天体力学仅仅开始处理太阳系或某些双星系统。面对银河显示出的集合物，或恒星团，或可以分解的星云，天体力学退缩了，因为它在其中看到的只是混沌。但是，银河并不比气体复杂；统计方法建立在概率运算的基础上，它适用于气体，也适用于银河。首先，重要的是，要把握两种情况的类似以及它们的差异。

开耳芬勋爵极力用这种方式确定银河的尺度；为此，我们便归结为计数用望远镜所能看到的恒星；但是，我们无法保证，在我们看得见的恒星背后，不存在我们看不见的其他恒星；因此，我们用这种方法能够测量的不可能是银河的大小，它是我们仪器的视野。

新理论终归向我们提供了其他对策。事实上，我们知道距我们最近的恒星的运动，我们能够形成关于它们的速度的大小和方向的观念。假如上面提出的观念是精确的，这些速度就应该遵守麦克斯韦定律，可以说，它们的平均值将告诉我们，哪一个对应于我们虚设的气体的温度。但是，这个温度本身取决于我们的气泡的维度。实际上，假设在虚空中发出的气体质量的要素按照牛顿定律相互吸引，那么气体质量将如何作用呢？它将呈球形；而且，由于引力，密度在中心将较大，压力从表面到中心也将增加，因为外部的重力被吸引向中心；最后，越向中心，温度越增加：温度和压力通过所谓的绝热定律相关联，犹如在相继的大气层中所发生的情况一样。正是在表面，压力将是零，它将与绝对温度相同，也就是说，与分子的速度相同。

在这里，问题产生了：我已经说过绝热定律，但是这个定律对于所有气体是不同的，因为它取决于它们两者的比热之比；对于空气和相似的气体，这个比是 1.42；但是，把银河类比为空气，这恰当吗？显然不恰当；像水银蒸汽、像氩、像氦，都应视为单原子气体，也就是说，比热之比应该被视为等于 1.66。事实上，例如我们的一个分子也许就是一个太阳系；而行星是微不足道的角色，太阳才算数,因此我们的分子实际是单原子的。即使我们以双星为例,很可能,一个可能接近它的陌生恒星的作用在能够扰乱这两个组元的相对轨道之前好久,便足以明显地使该系统的一般平移运动偏折;简言之,双星的行为能够像不可分割的原子一样。

无论如何,气体球越大,在其中心的压力从而还有温度也可能同样越大,因为压力随所有叠置层的重量增加。我们可以假定,我们几乎处于银河系的中心,通过观察恒星的平均固有速度,我们将知道,哪一个对应于我们气体球的中心温度,我们将决定它的半径。

我们可以通过下述考虑得到该结果的观念:作一个较简单的假设,即银河是球形的,其中质量是以均匀的方式分布的;由此可得,其中的恒星描绘出具有同一中心的椭圆。如果我们假定速度在表面变为零,我们便可以根据活动方程计算中心的速度。于是我们发现,这个速度与球的半径和它的密度的平方根成正比。如果这个球的质量是太阳的质量,而它的半径是地球轨道的半径,这个速度(很容易看出)就是地球在它的轨道的速度。但是,在我们假定的情况下,太阳的质量应该分布在半径大1 000 000倍的球内,这个半径是最近恒星的距离;因此,密度要小 10^{18} 倍;现在,速度是同一数量级,因此半径必须大 10^9 倍,是最近的恒星距离的1 000倍,这给出银河系中的恒星大约是10亿个。

但是你可能会说,这些假设与实际大相径庭;首先,银河不是球形的,我们将马上回到这一点,而且气体运动论也与均匀球的假设不相容。但是,在按照这个理论进行精密的计算时,我们无疑应该得到不同的结果,不过大小的数量级相同;现在,在这样一个问题中,材料是如此不确定,以致大小的数量级是对准的唯一目的。

在这里,第一个评论呈现出来;通过近似计算,我再次得到开耳芬勋爵的结果,这明显地与观察者用他们的望远镜做出的估价一致;于是,我们必须得出结论说,我们十分接近于洞察银河系。可是,这能使我们回答另一个问题。之所以存在我们看见的恒星,是因为它们闪闪发光;但是,在这里不可能有在星际空间环行而长期以来依然不知道其存在的暗星吗?然而,开耳芬勋爵的方法给予我们的也许是包括暗星在内的恒星总数;因为他的数字与望远镜给予的数字可以比较,因此这意味着,不存在暗物质,或者至少没有像明物质那么多的暗物质。

在进一步之前,我们必须从另一外角度观察问题。银河真的如此构成了严格意义所谓的气体图像吗?你知道,克鲁克斯(Crookes)引入了物质的第四态的概念,其中变得太稀薄的气体就不再是真正的气体了,而成为他所谓的辐射物质。考虑一下银河的微小密度,它是气体物质的图像还是辐射物质的图像?被称之为**自由程**的这一思考将向我们提供答案。

气体分子的轨道可以看做是由很小的弧联接起来的直线线段形成的,这些小弧对应于依次的碰撞。这些线段每一个的长度就是所谓的自由程;当然,对于所有的线段而言,这个长度是不同的;但是我们可以取平均值;这就是所谓的**平均自由程**。气体的密度越小,平均自由程越大。如果平均自由程比把气体装入其中的容器的尺度还大,以致分子有机遇不经历碰撞而越过整个容器,那么容器中的物质就是辐射物质;如果情况相反,它就是气体物质。由此可得,同一流体在小容器中可以是辐射物质,而在大容器中可以是气体物质。在克鲁克斯管中,这也许是要使真空完善一些,就必须使管子大一些的原因。

那么,对于银河来说,情况如何呢?这是密度十分微小的气团,但是它的尺度很大;恒星有机遇越过它而不经受碰撞吗,也就是说,恒星有机遇越过它而不充分接近另一个恒星通过,从而不明显地偏离其路线吗?所谓**充分接近**,我们意指什么呢?这必然有一点任意性;把它看做是从太阳到海王星的距离吧,这也许显示出12度的偏离;因此,假定我们的每一个恒星都被这一半径的保护球环绕着;直线能够在这些球之间通过吗?按银河系的恒星的平均距离,这些球的半径被认为在大约十分之一秒的角度之下;而我们有10亿个恒星。试把10亿个半径为十分之一秒的小圆放在天球上。存在这些小圆多次把天球覆盖的机遇吗?差之甚远;它们将仅仅覆盖天球的16 000分之一。因此,银河不是气体物质的图像,而是克鲁克斯的辐射物质的图像。不过,由于我们以前的结论幸亏并不完全精确,我们无须明显地修正它们。

但是,还有另一个困难:银河不是球形的,我们迄今进行的推理都把它看做好像是球形的,由于这是在空间孤立的气体能够取的平衡的形式。为了加以修正,存在着其形状是球形的恒星团,迄今我们所说的东西能较好地适用于它。赫谢尔(Herschel)曾经努力说明它们的值得注意的现象。他假定星团中的恒星是均匀地分布的,从而星团是均匀球;每一个恒星都描绘出椭圆,它们同时经过所有这些轨道,这样一来,在一个周期结束时,星团再次呈现出它的初始构形,这种构形是稳定的。不幸的是,星团似乎并不是均匀的;我们发现在中心有凝聚作用,即使它是均匀球,我们也应该观察到，由于在中心处比较致密；不过，人们未能着重指出这一点。因此，我们宁可把星团与处于绝热平衡的气体相比拟，这时气体呈现球形，因为这是气体团平衡的图像。

但是，你将说，这些星团比银河小得多，它们甚至有可能构成银河的一部分，尽管它们比较致密，它们相反地却显示出在某种程度上类似于辐射物质；现在，只有通过分子无数的碰撞，气体才能达到它们的绝热平衡。这也许被校准了。设星团中的恒星恰恰具有足够的能量，使它们到达表面时，它们的速度变为零；于是，它们可以毫无碰撞地越过星团；不过在到达表面后，它们将返回，并重新越过星团；在多次穿越之后，它们最终将由于碰撞而偏离；在这些条件下，我们还会有可以视为气体的物质；如果在星团中偶尔有速度较大的恒星，它们会长期地摆脱星团，它们离开星团，永远也不复返。由于这一切理由，审查一下已知的星团，尝试阐明密度定律，看看它是否是气体的绝热定律，也许是有趣的。

不过，回到银河上来吧；银河不是球形的，而宁可说显得好像是一只扁平的圆盘。于是很清楚，以静止状态从表面出发的质量将以不同的速度到达中心，其速度取决于它是从圆盘中部附近的表面出发，还是恰恰从圆盘边缘的表面出发；在后一种情况下，速度可以显著地增大。好了，直到目前，我们假定我们观察到的恒星的固有速度必须与类似的质量可以获得的速度相比较；这包含着某种困难。我们在上面已经给出了银河尺度的值，我们是从观察到的固有速度推导它的，这一固有速度与地球在它的轨道的速度具有同一数量级；但是，我们如此测量的尺度是哪一个呢？它是厚度吗？它是圆盘的半径吗？它无疑是某种中介物；但是，我们此时能够就厚度本身或圆盘半径说些什么呢？要做计算，尚缺少材料；我将限于一瞥把至少是近似的估价基于固有运动的较深入讨论之上的可能性。

于是，我们发现我们面临着两个假设：或者银河的恒星在很大程度上受速度的推动，这些速度平行于银河平面，要不然就均匀地分布在平行于这个平面的所有方向上。如果情况如此，那么固有运动的观察应该表明平行于银河的分量占优势；这一点之所以被决定，是因为我不知道，从这种观点出发以往是否做过系统的讨论。另一方面，这样的平衡仅仅是暂时的，这是由于分子——我意指恒星——在很长的路程中因碰撞而在垂直于银河的方向上获得显著的速度，并会最终从银河平面转向，以致这个系统趋向于球形，这是孤立气体团平衡的唯一图像。

要不然，整个系统便受到公共旋转的推动，由于这种理由，它像地球、像木星、像一切快速转动的天体一样，是扁平的。只是因为扁平度很显著，所以旋转必定很急剧；无疑很急剧，但必须在这个词通常使用的意义上来理解。银河的密度比太阳的密度小 10^{25} 倍；旋转速度比太阳小 $\sqrt{10^{25}}$ 倍，因为就扁平而言，它也许与太阳相当；速度比地球速度慢 10^{12} 倍，也就是说每百年三十分之一弧秒，这也许是十分急剧的旋转，要使稳定平衡是可能的，这几乎是过分急剧了。

在这个假设中，可观察的固有运动在我们看来好像是均匀分布的，平行于银河平面的分量不再占优势。

关于旋转本身，它们无法告知我们任何东西，由于我们也属于转动系统。假如螺旋状星云是在我们之外的另一个银河系，它们不共同具有这种旋转,从而我们可以研究它们的固有运动。的确,它们十分遥远;如果一个星云具有银河般大小,如果它的视半径比如是 20″,它的距离就是银河半径的10 000倍。

不过,这没有什么关系,由于我们从它们得知的信息不是我们系统的平移,而是它的旋转。恒星正是通过它们的表观运动,向我们揭示出地球的周日旋转,尽管它们的距离很大。不幸的是,银河的可能旋转不管相对地讲可能多么急剧,绝对地看来也是很慢的,而且在星云上标点不能十分精确;因此,要获悉任何信息,也许需要观察数千年才行。

无论如何,在第二个假设中,银河系的图像可能是最后平衡的图像。

我不想进一步讨论这两个假设的相对价值,因为还有第三个也许是更为可能的假设。我们知道,在不可分解的星云中,有几类还是可以区分的:像猎户座星云那样的不规则状星云、行星星云和环状星云、螺旋状星云。人们已确定了前两个家族的光谱,其光谱是不连续的;因此,这些星云不是由恒星形成的;此外,它们在天上的分布似乎与银河有关;它们或者有远离银河的趋向,或者相反,有接近银河的趋向,因此它们成为银河系的一部分。另一方面,螺旋状星云一般被认为与银河无关;人们假定,它们像银河一样,是由大量的恒星形成的,一句话,它们是距我们十分遥远的另外一些银河。斯特拉托诺夫(Stratonoff)的最新研究倾向于使我们认为,银河本身也是螺旋状星云,这是我想说的第三个假设。

螺旋状星云太规则了、太稳定了,它绝非出自偶然,我们怎样才能够说明它呈现出的十分规则的外观呢?首先,要考察这些表象之一,只要看看质量旋转就足够了;我们甚至可以看到旋转的方向是什么;一切螺旋半径都在同一方向弯曲;显然,**运动着的翼状物**落在回转运动的**枢轴**之后,这便决定了旋转方向。但是,这并非一切;显而易见,这些星云不能类比为处于静止的气体,甚至也不能类比为在匀速转动支配下的处于相对平衡的气体;必须把它们与内流在其中占优势的处于永恒运动的气体相比较。

例如,设中心核的旋转是急剧的(你知道,关于这个词我意指什么),由于太急剧,以致建立不起稳定平衡;于是,在赤道,离心力超过引力,从而驱使中心核离散,恒星便趋向于逃逸到赤道,以致将形成发散流;但是,在离开时,由于它们的转矩依然不变,而半径矢量却增长,它们的角速度将减小,这就是运动着的翼状物似乎落后的原因。

从这种观点出发,便不可能有真正的永恒运动,中心核不断地失去物质,这些物质离开核后永远不会返回,从而中心核会逐渐耗尽。不过,我们可以修正这个假设。恒星丧失速度与它逃逸成正比,从而最终会停下来;在这个时刻,引力重新恢复了对它的所有权,导致它返回中心核;于是将存在向心流。如果我们采用在战斗中实施前沿调换的军队作比喻,便可以假定向心流是第一梯队,离心流是第二梯队;事实上,复合离心力必定会被星云中心层施加在最远层上的引力补偿。

此外,在某一时间末,可建立一种永恒统治;星团受到弯曲,运动着的翼状物施加在回转枢轴上的引力有助于使回转运动减慢,枢轴施加在运动翼上的引力有助于使这个翼加速,这不再增大它的滞后了,以致所有半径都以匀速旋转而告终。我们还可以假定,中心核旋转得比半径快。

问题依然存在;为什么这些向心的和离心的星团倾向于在半径浓缩,而一点也不向各处散播呢?为什么这些射线本身规则地分布呢?如果星团浓缩自身,那正是因为已经存在的星团对在它们附近从核逃离出去的恒星施加了引力。在产生了不均等后,它有助于以这种方式增进它自身。

为什么射线本身规则地分布呢?这一点并不怎么明显。设不存在旋转,所有恒星都在互为直角的平面上,以这样的方式,它们的分布关于这两个平面为对称。

由于对称性,它们没有理由逃离这个平面,对称性也不改变。因此,这种构形可以给我们以平衡,但**这总是不稳平衡**。

相反地,如果存在着旋转,我们将发现与四条弯曲的射线类似的平衡构形,这些射线彼此相等,且以 90°相交,如果旋转足够急剧,这种平衡便是稳定的。

我不想使之更为精确:即使你看到这些螺旋形也许可以在某一天仅仅用万有引力定律和统计考虑来说明,统计考虑使我们想起气体理论的见解。

所讲过的内流表明,系统地讨论一下固有运动的集合体是有趣的;这要用 100 年才可能完成,这时第二版的天体图才出版,才能与第一版进行比较,我们现在正在做这项工作。

不过,在结论中,我希望你注意一个问题,这就是银河或星云的年龄问题。如果我们所想所见的东西被确认,我们便能够得到关于年龄的看法。气体给予我们统计平衡的模型,这种统计平衡只是由于大量的碰撞才建立起来。如果这些碰撞很稀少,那么统计平衡只有在很长时间之后才能出现;如果银河(或者至少是包括在银河内的星团)以及星云真正达到这一平衡,那么这便意味着,它们十分古老,我们将有它们年龄的下限。同样地,我们应该有它们年龄的上限;这一平衡不是最终的,它不能一直持续下去。我们的螺旋状星云可与被永恒运动所激励的气体相比较;但是,运动的气体是黏滞的,它们的速度最终会逐渐消逝。就螺旋状星云而言,在这里对应于黏滞性(这取决于分子碰撞的机遇)的量极其微小,以致现有统治可以存留极长时间,但并不会永远持续下去,因此我们的银河系不能永世长存,它的寿命不是无限的。

这并非一切。考虑一下我们的大气:在表面,无穷小的温度必定处于支配地位,分子的速度接近于零。但是,这仅仅是平均速度的问题;作为碰撞的结果,这些分子之一可以获得(实际上,的确如此)巨大的速度,于是它将冲出大气,一旦冲出去了,它便永不复返;因此,我们的大气便这样极其缓慢地枯竭。由于同一机制,银河也不时地失去恒星,它的持续时间同样有限。

好啦,可以肯定,如果我们按这种方式计算银河的年龄,我们将会得到巨大的数字。但是,在这里出现了困难,某些物理学家依据其他考虑推断,太阳只能存在短暂的时间,大约是5000万年;我们的最小值比这大得多。我们必须相信银河的演化开始于物质还是暗的时候吗?但是,由暗物质构成的恒星如何同时都达到持续时间如此之短的成熟期呢?或者,它们全都必须相继达到成熟期吗,而与已经熄灭的恒星或将在某一天发亮的恒星相比,我们看到的恒星仅是极微小的一部分吗?但是,根据缺乏暗物质的显著的比例,这怎么与我们上面所说的一致呢?我们应该抛弃两个假设之一吗，而且抛弃哪一个呢？我仅限于指出困难，没有自命去解决它；因此，我将用大疑点来结束。

然而，提出问题也是饶有兴味的，即使解决它们的日期似乎还十分遥远。

第二章 法国的大地测量学

每一个人都理解,我们对于了解地球的形状和大小感兴趣;不过,有些人也许会为追求精确性而惊奇。这是无用的奢侈品吗?大地测量学家花费这么多的精力有什么用处呢?

倘若把这个问题提交国会议员,我想他们会说:“我不得不认为,大地测量学是最有用的科学之一;因为它是使我们耗费巨资的科学之一。”我将力图稍为精确地给你做出回答。

长期研究可以免除大量的摸索、错误的计算和无用的开支,否则就无法着手从事巨大的技术工程、和平工程以及战争工程。这些研究只能以良好的地图为基础。但是,如果不以坚实的框架为基础来绘图,地图将不过是毫无价值的离奇图案。这就像要使没有骨骼的人体站立起来一样。

现在,大地测量给了我们这个框架;因此,没有大地测量学,就没有良好的地图;没有良好的地图,就没有巨大的公共工程。

毫无疑问,这些理由将足以为许多花费辩护;不过,这些是实际人的论据。在这里,恰当地坚持的并不在于这些论据;考虑一下所有的事情,还有其他更高尚、更重要的理由。

于是,我们将提出另一个问题:大地测量学能够更好地帮助我们了解自然吗?它会使我们理解自然的统一与和谐吗?实际上,孤立的事实只有微小的价值，只有当它们为新征服作准备时，科学的征服才是宝贵的。

因此，如果在地球的椭球面上发现一个小丘，这一发现本身并没有很大意义。另一方面，如果在寻找这个隆起的原因时我们希望洞察新的秘密，那么它就变得宝贵了。

好啦，在 18 世纪，当莫培督(Maupertuis)和拉孔达明(La Condamine)冒着这样一种违背社会风气的危险时，这不仅仅是为了了解我们行星的形状，这是整个世界体系的问题。

如果地球是扁平的，那么牛顿便获得胜利，万有引力学说和整个现代天体力学也随他一起获胜。

今天，在牛顿主义者胜利之后一个半世纪，你认为大地测量学没有什么更多的东西可告诉我们吗？

我们不知道在我们地球内有什么。矿井和钻孔使我们知道 1 千米或 2 千米厚度的地层，也就是说，知道地球总质量的百万分之一；但是，下边的情况如何呢？

在朱尔·凡尔纳(Jules Verne)所幻想的奇异旅行中，也许到地心去旅行能使我们进入最无人探测的区域。

不过，尽管我们不能达到这些深埋的岩石，它们施加在摆上的引力却从远处起作用，并使地球的椭球形状发生变形。因此，大地测量学能够从远处探查它们，也就是说，能够告诉我们它们的分布。这样一来，它将使我们实际上洞察那些神秘的区域，朱尔·凡尔纳只不过是用想像向我们描绘了那些区域。

这不是空洞的幻想。法耶(Faye)先生比较了一切测量，得到一个经过完善计算而使我们惊异的结果。在海洋的深处，有密度很大的岩石；相反地，在大陆下，却是空的空间。

新的观察材料也许将修正这些结论的细节。

无论如何，我们尊敬的老前辈已经向我们表明在哪里探索，大地测量学家向渴望了解地球内部组成的地质学家教了些什么，甚至向希望思索这个行星的过去和起源的思想家教了些什么。

现在要问，我为什么要给本章冠以**法国大地测量学**的题目呢？这是因为，在每一个国家，这门科学比其他科学具有更多的民族特征。其原因是显而易见的。

必须要有竞争。科学竞争总是有礼貌的，或者至少几乎总是有礼貌的；无论如何，竞争是必不可少的，因为竞争总是富有成果的。好啦，在那些要求长期努力和众人协作的事业中，个人被埋没，当然是不由自主地；没有一个人有权利说：这是我的成果。因此，竞争不是在人与人之间，而是在民族与民族之间继续。

这样一来，我们便有可能寻找法国贡献的份额。我自信，我们有权利为她所做的贡献而自豪。

18世纪初，在牛顿主义者和卡西尼(Cassini)之间发生了长期的争论；牛顿主义者认为地球是扁平的，这是万有引力理论所要求的；卡西尼受到不精确的测量的蒙骗，认为地球是伸长的。只有直接观察才能解决这个问题。正是我们的科学院，着手进行这一项对那个时代来说是庞大的任务。

当时，莫培督和克莱罗特(Clairaut)测量了北极圈的子午度，布居埃(Bouguer)和拉孔达明前往安第斯山，该地区当时是西班牙属地，今天是厄瓜多尔共和国。

我们的使者经受了千辛万苦。当时旅行并不像今天那么容易。

确实，莫培督进行工作的国家并非不毛之地，据说，在拉普兰人中间，他甚至享受到真正的北极航海探险者从来也没有体验到的甜美的心灵满足。在我们的时代，差不多正是这个地区，舒适的轮船每年夏季都运载许多游客和年轻的英国人到那里观光。但是在当时，库克(Cook)旅行社还未成立，莫培督实际认为，他完成了一项极地探险事业。

也许他并非完全错了。今天，俄国人和瑞典人也在斯匹次卑尔根群岛进行类似的测量，这是一个真正的冰帽覆盖的地区。不过，他们有截然不同的办法，而且时间差弥补了纬度差。

在被阿卡基阿(Akakia)医生的魔爪抓伤后，莫培督的名字才大大地影响了我们；这位科学家不幸惹怒了伏尔泰(Voltaire)，后者当时是精神之王。莫培督先是被过度地颂扬；不过，这正如君主给某人的褒赏越多，某人就越担心君主的不满，因为以后的日子是令人可怖的。伏尔泰本人多少知道这一点。

伏尔泰把莫培督称为我的和蔼可亲的思想大师，北极圈的侯爵，把世界和卡西尼碾平的亲爱的压延机，甚至极度地奉承莫培督是伊萨克·莫培督爵士(Sir Isaac Maupertuis)；他写信给莫培督说："我仅把普鲁士国王与你相提并论；只不过他不是几何学家。"然而不久，伏尔泰便翻脸不认人，不再像往昔那样把莫培督奉若神明，视为亚尔古英雄①，或者说什么从奥林匹斯山②祈求到的众神

① 亚尔古英雄(Argonaut)，或译阿耳戈英雄，是希腊神话中随伊阿宋到海外觅取金羊毛的英雄。——中译者注

② 奥林匹斯山(Olympus)在希腊境内。在希腊神话中，它是诸神的住所，后借喻天堂、天国。——中译者注

商议会期待他的工作，但是后来却扬言要把他拘禁到疯人院。伏尔泰不再谈他的卓越思想了，反而指责他骄横，认为他的工作不过是用很少一点科学镀了一下外表，其实充满了荒谬绝伦之处。

我不想仔细地讲述这些滑稽可笑和言过其实的争论；不过，请允许我思索一下伏尔泰的两行诗句。在他的"适度论"(不是在颂扬和批评中的适度的问题)中，诗人写道：

> 您在阴郁的地区确认了
> 牛顿没有出国就觉察到的东西。

这两行诗(它们代替了初期的夸大其辞的颂扬)是十分不公正的，伏尔泰无疑是太有知识了，他不至于体会不到这一点。

当时，这些发现仅仅被认为不离开人们的住所就能够完成。

今天，确切地讲，它是理论，人们也许认为该理论的价值不大。

这是误解了科学的目的。

自然界是受随意支配的呢，还是存在着和谐的法则？这是个问题。只有当科学向我们揭示出这种和谐时，科学才是美的，从而才值得去培育。但是，如果不从理论与实验符合出发，这一揭示能够从何处达到我们呢？因此，探求这种符合存在与否，这正是我们的目的。从而，我们必须把理论与实验这两个术语加以比较，它们二者同样都是必不可少的。舍其一而取其二是愚蠢的举动。脱离实验的理论总是空洞的，脱离理论的实验总是盲目的；使二者分离，每一个都会无用，都没有什么好处。

因此，莫培督应该得到他的一份荣誉。的确，莫培督的荣誉不能与接收了神圣火花的牛顿的荣誉相比；甚至也无法与他的合作者克莱罗特的荣誉相比。可是，不要轻视，因为他的工作是必要的，在17世纪，英国胜过法国，如果说法国在18世纪完全洗刷了她的耻辱，她把这一点不仅仅归功于克莱罗特、达朗伯(d'Alembert)、拉普拉斯的创造能力，而且也归功于莫培督和拉孔达明的长期艰苦奋斗。

我们达到了可以称之为大地测量学的第二个英雄时期。法国在内部被撕裂了。全欧洲都武装起来反对她；大规模的战斗似乎吸引了她的全部力量。远非如此；她还有力量为科学服务。当时的人们在事业面前并没有畏葸不前，他们是满怀信心的人。

德朗布勒(Delambre)和梅谢恩(Méchain)受命测量从敦刻尔克到巴塞罗那的弧线。这时，已无法去拉普兰或秘鲁；敌军封锁了我们去那里的道路。虽然考察队要去的地方并不遥远，但是这个值得纪念的事件还是备受艰难，阻碍甚至危险还是如此之大。

在法国，德朗布勒与多疑的市政当局的敌意作斗争。人们知道，尖塔可以从远处看见，并且能够精确地对准，它们常被用来作为大地测量学家的标志点。但是，在德朗布勒经过的地区已不再有任何尖塔了。某位地方行政长官经过那里时，夸口要把在下层人士居住的低矮屋顶上得意地耸起的尖塔统统拆除。于是，不得不用木板建造角锥体，并用白布覆盖，以便使它们更显眼。这完全是另一码事：用白布！在我们的新近解放的山巅上，竟敢升起反革命的可恶旗标，这个轻举妄动的人是什么东西？必须用蓝带和红带镶在白布罩的边上。

梅谢恩在西班牙进行测量；他的困难是另外的样子；不过困难

也不少。西班牙农民是敌意的。此处并不缺少教堂的尖塔:但是,在它们上面安放神秘的、也许有点恶魔似的仪器,这不是亵渎圣物吗?这些革命者曾是西班牙的同盟者,但是同盟者却闻到了一点火刑柱的气味。

梅谢恩写道:"他们不停地恐吓要杀死我们。"所幸的是,多亏僧侣的规劝和主教的公开信,这些凶恶的西班牙人仅满足于恐吓。

若干年后,梅谢恩又到西班牙进行第二次考察:他提出把子午线由巴塞罗那延长到巴利阿里克斯。这是首次通过观察设置在遥远岛屿的高山上的标志,尝试把三角测量越过大海湾。这项事业经过周密构想和妥善准备;然而它还是失败了。

这位法国科学家遇到了各种困难,他在通信中痛苦地抱怨这些困难。他也许有些夸大似地写道:"地狱啊,地狱和从地球上涌出的一切灾祸,诸如骚动、战争、瘟疫和邪恶的阴谋诡计,因此都被释放出来攻击我!"

事实是,他发现他的合作者自恃固执有余,健全意志不足,成千个偶然事件妨碍了他的工作。瘟疫倒没有什么,畏惧瘟疫的心理却更为可怕;所有这些岛屿都防范附近的岛屿,唯恐它们受到邻岛的感染。只是在好多星期之后,在用醋把他的纸张涂抹的情况下,梅谢恩才获准登陆;这是当时的抗菌法。

他呕吐、患病,刚要请求召回,他却去世了。

阿拉哥(Arago)和毕奥(Biot)荣幸地承接了这项未竟之事业,继续去完成它。

多亏西班牙政府的支持和几个主教发给的通行证,尤其是由于一位威名四扬的土匪头子的保护,行动计划迅速地进展着。各项工作相继完成了，当风暴突然发作时，毕奥已返回法国。

正在这时，整个西班牙为捍卫她的独立，而与法国兵戎相见。这个陌生人为什么爬到山上设立标志呢？显然是召唤法国军队。阿拉哥只能逃脱老百姓的眼睛，但最终还是变成了囚犯。在狱中，他唯一的消遣就是读报，他在西班牙报纸看到他自己被处死刑的消息。当时的报纸有时过早地发布新闻。他获悉，他像基督徒一样，是英勇地死去的，他从中至少得到了安慰。

甚至监狱也不再安全了；他不得不越狱逃跑，到达阿尔及尔。在那里，他搭乘阿尔及尔的船至马赛。这只船被西班牙海盗夺走，眼看着阿拉哥被押解回西班牙，从一个土牢拖到另一个土牢，他生活在歹徒中间，受尽了最骇人听闻的折磨。

假如船上只有他的臣民和旅客，奥斯曼帝国在北非的官员也不会说什么。但是，船上却有两头狮子，这是非洲君主呈献给拿破仑的礼品。于是，这位官员以战争相威胁。

船和囚犯都获释了。理应顺利地到达港口，因为在船上他们有天文学家；但是，这位天文学家晕船，而阿尔及尔海员本想开赴马赛，结果却抵达布日伊。阿拉哥由此到阿尔及尔，再步行到卡比利亚，途中历尽艰难险阻。他被长期滞留在非洲，随时都有成为囚犯的危险。最后，他能够返回法国；他把他的观察资料藏在衬衣底下保护起来，更值得注意的是他的仪器，这些东西经过那么多骇人的冒险却没有受损伤。

到这一时刻，法国不仅占据了最重要的地位，而且她几乎是唯一地占据大地测量学舞台的国家。

在随后的若干年内，法国并非不活跃，我们参谋部的地图就是典范。可是,新的观察方法和计算方法尤其从德国和英国传给我们。只是在最近40年,法国才恢复了她的地位。她应该把这归功于科学官员佩里埃(Perrier)将军,他到达西班牙和非洲的接界处,成功地完成了这项真正具有冒险性的事业。他在地中海两岸的四个制高点上设置了观测站。他们花了好多个月时间等待天朗气清的好天气。终于看到了从300千米外海的那一边传来的一点光线。事业成功了。

今天,人们设想出更为大胆的方案。从尼斯附近的高山将向科西嘉岛发出光信号,现在不是为了大地测量学的测定,而是为了测量光速。距离只有200公里;不过,使光线通过这一路程,通过设置在科西嘉岛上的镜面反射后返回尼斯。光线在途中不应离开正道,为的是它必须精确地回到出发点。

从那时以来,法国大地测量学的积极性从来也没有松懈。我们没有更多的这样的令人惊讶的冒险可讲了;但是所完成的科学工作却是巨大的。法国海外的版图像母国的领土一样,被准确测量的三角形覆盖。

我们变得越来越精密了,我们的前辈称赞的东西今天不再使我们满意了。但是,随着我们追求更高的精确性,困难也大大增加了;我们周围布满了陷阱,我们必须警惕许多预料不到的误差原因。因此,需要创造愈来愈无瑕疵的仪器。

在这里,法国再次没有让人家把她远远甩在后面。人们对我们的基点测量装置和角度测量器械赞不绝口,我也可以提一下德福尔热(Defforges)上校的摆,它能使我们以前所未闻的精确性决定重力。

法国大地测量学的未来目前掌握在军队地理服务机构的手中，该机构先后由巴索特(Bassot)将军和贝托特(Berthaut)将军指挥。要使大地测量成功，光有科学才能是不够的；还必须在各种气候条件下能够吃苦耐劳；首领必须能够赢得他的合作者的尊敬，并能使土著帮工服从他的指挥。这些都是军事素质。此外，人们知道，在我们的军队中，科学与勇气总是并肩前进。

我还要说一点，军事组织保证了必不可少的行动一致。科学家唯恐失去他们的独立性，他们十分注意他们所谓的名望，因此恐怕更难协调竞争的主张，他们虽然相距十分遥远，可是还必须同心协力地工作。在以前的大地测量学家中间，常常发生争执，一些争执还长时间地引起回响。科学院长期回荡着布居埃和拉孔达明的争吵。我并不意味士兵们清心寡欲，而是纪律强使他们忘却了过分敏感的自负。

几个外国政府请求我们的官员组织他们的大地测量业务：这证明法国的科学影响在国外并没有衰落。

我们的水文工程师作为光荣的分遣部队也对公共成就做出了贡献。我们海岸线的测量，我们殖民地的测量，潮汐的研究，都向他们提供了广泛的研究领域。最后，我可以提一下法国的一般水准测量，这是用拉拉芒德(Lallamand)先生的巧妙而精密的方法进行的。

有这样的人，我们对未来充满信心。而且，对他们来说，工作将不会缺乏；我们的殖民地帝国向他们开辟了未探索的庞大的地盘。这并非一切：国际大地测量学协会已经认识到重新测量基多[①]弧的

① 基多(Quito)是厄瓜多尔首都，在西经78°30′、南纬0°13′处。——中译者注

必要性，以前拉孔达明曾确定过它。正是法国，承担了这项操作；她有充分的权利完成它，因为可以说我们的祖辈曾对科迪勒拉山进行了科学的征服。此外，这些权利是毫无争议的，我们的政府已着手训练他们。

莫兰(Maurain)上尉和拉科姆伯(Lacombe)上尉结束了首次勘测，他们穿越最艰险的地区，登上最陡峭的山峰，他们完成使命之神速值得称赞。这赢得了厄瓜多尔共和国总统阿尔法罗(Alfaro)将军的赞誉，他称他们是“铁人”。

接着，最后的远征在布尔热瓦斯(Bourgeois)中校(当时是少校)指挥下出发。获得的结果证明所怀的希望是正当的。但是，我们的官员遇到了未曾料到的气候方面的困难。他们每一个人被迫不止一次地在4 000米的高处停留几个月，由于云层密布、风雪交加，他看不见他对准的信号，这些信号不愿暴露在他的眼前。但是，由于他们坚忍不拔、勇气十足，从中所得到的结果只是推迟了，也增加了经费开支，测量的精度没有因此而受到影响。

总 结 论

在前面的篇幅，我试图说明，科学家在向他的好奇心提供的无数事实中间进行选择时，他应该如何指导自己，因为实际上他的心智的自然局限迫使他不得不做选择，尽管选择总是一种牺牲。我首先通过普遍的考虑详述了它，同时一方面回顾已被解决的问题的本性，另一方面试图比较充分地理解作为解决问题基本工具的人类心智的本性。然后，我用例子来说明它；我没有无限地堆积例子；我也必须做选择，我自然选择我研究得最多的问题。其他人无疑作不同的选择；但是，不管差别有多少，因为我相信，他们会达到同样的结论。

事实是有等级的：一些事实没有什么影响；它们告诉我们的无非是它们自己。审查它们的科学家只不过是得知了一个事实，它们没有变得能够更多地预见新的事实。这样的事实一旦到来，但它们似乎注定不会复现。

另一方面，也有多产的事实；它们中的每一个都告诉我们新定律。由于必须做选择，科学家应该专注的正是这些事实。

毋庸置疑，这种分类是相对的，它与我们心智的软弱有关。成果微小的事实是复杂的事实，各种各样的情况都能对它们施加可觉察的影响，情况不可胜数而且形形色色，我们无法完全辨别它们。但是,我应该更为恰当地说,这些就是我们认为的复杂的事实,由于这些情况的错综复杂超过了我们心智的理解范围。毫无疑问,比我们的心智更庞大、更精细的心智也许能够有差异地想像它们。但是,有什么要紧;我们不能使用那种高级的心智,而只能使用我们自己的心智。

成果巨大的事实是我们认为简单的事实;也许它们实际上如此,因为它们仅仅受到少数完全确定的情况的影响,也许它们仅仅呈现出简单的外观,因为它们依赖的各种情况服从偶然性定律,以致最终达到相互补偿。这是最为经常发生的事。于是,我们不得不在某种程度上比较仔细地审查一下偶然性是什么。

偶然性定律适用的事实变得容易接近科学家,在这些定律不适用的问题的异常复杂性面前,科学家会丧失信心。我们看到,这些考虑不仅适用于物理科学,而且也适用于数学科学。对于物理学家和数学家来说,证明方法是不同的。但是,发明方法却是十分类似的。在两种情况下,它们在于从事实过渡到定律以及寻找能够导致定律的事实。

为了阐明这一点,我已表明正在起作用的数学家的心智,它处在下述三种形式下:数学发明家和创造者的心智;无意识的几何学家的心智,在我们久远的祖先之中,或者在我们朦胧不清的幼童时代,这种心智已为我们构造出本能的空间概念;青少年的心智,中学教师向他们揭示了头一批科学原理,试图对根本的定义做出理解。我们处处可以看到直觉的作用和概括的精神,没有它们,数学家的这三个进展阶段——如果我可以这样表达我本人的意思的话——也许同样是软弱无力的。

在证明本身中，逻辑并非一切；真实的数学推理是真正的归纳，它在许多方面不同于物理学的归纳，但在从特殊到一般这一点上却与之相似地进行。要把这种秩序颠倒，要使数学归纳法返回逻辑法则，为此所做的一切努力结果只能归于失败，尽管使用外行人无法接近的语言也未把失误隐藏起来。我曾经举过物理学中的一些例子，它们向我们显示了成果巨大的事实的不同情况。考夫曼关于镭射线的实验同时引起了力学、光学和天文学的革命。这是为什么呢？因为随着这些科学的发展，我们越充分地辨认出联接它们的结合物，从而我们觉察到全体科学图像的总设计的式样。存在着对几门科学来说是共同的事实，它们似乎是在各个方向分叉的溪流的共同源泉，可以把它们比之为圣戈塔尔德的小山，泉水从这里流到四个不同的溪谷。

因此，我们能够比我们的前辈以更深邃的洞察力选择事实，先辈们把这些溪谷看做是截然不同的，是由不可逾越的屏障隔开的。

我们必须选择的总是简单的事实，但是在这些简单的事实中，我们必须偏爱坐落在圣戈塔尔德小山之上的那类事实，我刚才说过这个小山。

当科学没有直接的结合物时，它们还可以通过类比相互阐明。当我们研究了气体所服从的规律时，我们知道我们抓住了一个成果巨大的事实；可是，还是低估了这个成果的价值，由于从某种观点来看，气体是银河的图像，仅仅对物理学家来说似乎有趣的那些事实，不久以后会向天文学打开根本预料不到的视野。

最后，当大地测量学家看到，必须把他的望远镜移动数弧秒，才能看到他千辛万苦地设立起来信号标志，这是一个微不足道的事实；不过，这却是一个成果巨大的事实，不仅因为它向大地测量学家揭示出在地球上存在着一个小的隆起部分——这个小丘独自也没有过大的兴趣，而且因为这一隆起给他以物质在地球内部分布的信息，通过这个信息我们便可以推知我们行星的过去、它的未来和它的发展规律。